滇东南大型真菌彩色图鉴

伍建榕 等 著

科学出版社

北 京

内 容 简 介

　　本书分为总论和各论两个部分。在总论中主要介绍了关于大型真菌的形态学术语和本书使用说明,以及滇东南大型真菌的研究方法、物种组成及多样性分析、物种资源评价。在各论中,详细介绍了分布于滇东南地区的306种大型真菌的中文名、学名、分类地位、主要形态特征等,书末还附有主要的参考文献。本书所采用的图片基本为野外生态照片,有利于读者了解大型真菌的生长环境。本书参考了 R. Singer 和 D. L. Hawksworth 分类系统,并做了适当的调整。为使读者方便查找,拉丁名附了定名人;中文名参考《中国的真菌》《中国生物多样性红色名录—大型真菌卷》等资料。

　　本书适用于大型真菌爱好者、大专院校学生在野外采集时识别和鉴定大型真菌(蘑菇)。

图书在版编目(CIP)数据

滇东南大型真菌彩色图鉴/伍建榕等著．—北京:科学出版社,2021.11
ISBN 978-7-03-070151-0

Ⅰ．①滇… Ⅱ．①伍… Ⅲ．①大型真菌－云南－图集 Ⅳ．① Q949.320.8-64

中国版本图书馆 CIP 数据核字(2021)第 214017 号

责任编辑:张会格　岳漫宇　孙　青/责任校对:刘　芳
责任印制:吴兆东/封面设计:无极书装

科 学 出 版 社 出版
北京东黄城根北街 16 号
邮政编码:100717
http://www.sciencep.com

北京捷迅佳彩印刷有限公司 印刷
科学出版社发行　各地新华书店经销

*

2021 年 11 月第 一 版　开本:720×1000　1/16
2021 年 11 月第一次印刷　印张:12 1/4
字数:245 000

定价:180.00 元
(如有印装质量问题,我社负责调换)

《滇东南大型真菌彩色图鉴》著者名单

主要著者 伍建榕 张 英 竺永金 张 颖

魏玉倩 武自强 陈秀虹

其他著者（按姓氏笔画排序）

马 莉 马 翔 马焕成 王 文 王 辉

王润芝 尼玛此姆 吕则佳 刘 亭 李 超

吴亚星 陈俊珠 陈健鑫 周嫒婷 宗同铠

官前鑫 赵长林 高 岩 唐 婕 黄若霞

康定旭 梁香娜 韩雨庭 潘启强

前　言

　　真菌广泛地分布于地球表面，从高山、湖泊到田野、森林，从海洋、高空到赤道、两极，到处都有；人类每一天都在直接或间接地和真菌发生有益或有害的联系。从宋代的《菌谱》、明朝的《广菌谱》，再到最早的药物书《神农本草》，都留下了人类对真菌世界探索和利用的痕迹；今天，在工业、农业生产和医疗卫生事业中，人们更是和真菌产生了密切的联系，人们致力于探索真菌世界，通过实践趋利避害，为人类带来更大的福利。

　　目前，易于认识、掌握和开发利用的真菌主要是大型真菌类群。所谓大型真菌通常是指能产生大型子实体的一类真菌，主要包括担子菌门的真菌以及子囊菌门的部分种类。许多种类的大型真菌形成的各种子实体具有很高的经济价值，如灵芝、茯苓、冬虫夏草等是重要的药用菌，甚至有抗癌功效；木耳、草菇、香菇、金针菇等是常见的味道鲜美、营养丰富的食用菌；此外，还有一些是毒菌，可以引起人和动物中毒，但也有潜在的药用价值。从生态学意义上来说，大型真菌是自然界的一类具有特殊意义的生物资源，在自然界和生态系统的物质循环中起着重要的作用。

　　随着我国真菌分类及资源调查工作的开展，在采用真菌传统调查方法的同时，结合生态学的样方、定位、定量等调查方法对部分区域范围内大型真菌进行系统

研究，并且初步搞清楚大型真菌资源的地理分布、子实体生物量、物种生物量等特征，探讨大型真菌的发生、分布，可以说，对大型真菌的分类、分布和利用已经有了一定的积累。2018 年，生态环境部和中国科学院联合发布了《中国生物多样性红色名录—大型真菌卷》，报告公布了我国 9302 种大型真菌名录，这是对我国大型真菌的第一次全面系统的权威发布，为我国大型真菌的保护工作提供了基础数据和理论基础。报告中强调，我国大型真菌物种资源本底是我国大型真菌保护工作的理论基础和实践依据，我国大型真菌资源丰富但资源本底还不是很清楚，迫切需要开展大型真菌相关的基础性调查研究工作。

滇东南地处我国西南部，主要包括文山、红河构成的区域。境内的大围山国家级自然保护区、观音山省级自然保护区、红河流域是我国重要的生态功能区。滇东南地形复杂、山峦起伏、沟谷纵横、气候多样、植物资源丰富。气候类型主要包括北热带、南亚热带、中亚热带、北亚热带、南温带等气候带。植被类型包括雨林、季风常绿阔叶林、针阔混交林、苔藓矮林等。独特的地理位置、丰富的植被资源、复杂的地形地貌、充沛的水分，孕育着丰富多彩的大型真菌。通过对该地区大型真菌的调查，共采集得到大型真菌标本 2000 多份，鉴定得到 560 种，本书中共收录了 306 种。

本书是一本全面展现滇东南地区丰富的大型真菌的专著。与国内同类书籍相比较，本书最大的特色是以行政区为单位进行大型真菌研究，其中还包括了不少照片。本书的出版有利于人们了解该地区的大型真菌资源，为地区大型真菌资源管理、开发和利用提供指导意义。

本书分为总论和各论两部分。在总论中主要介绍了关于滇东南大型真菌的研究方法、物种组成及多样性分析、物种资源评价。在各论中，详细介绍了分布于滇东南地区的 306 种大型真菌的中文名、学名、分类地位、主要形态特征等，书末还附有主要的参考文献。关于俗名、地方名及用途未介绍，请读者参阅其他同类书籍。

《中国生物多样性红色名录—大型真菌卷》报告中指出，我国西南地区的大型真菌生物多样性最为丰富，但同时也是受威胁大型真菌分布最为集中的省份，是大型真菌多样性保护工作重点关注的区域。然而也正是相关科研工作还存在较强区域性和偏向性，以至于地区间发展不平衡，研究也还未成系统。滇东南虽然地处生物资源丰富的西南地区，但在野生大型真菌的调查研究方面极少有记录甚至处于空白。滇东南大型真菌的研究相对滞后，在很大程度上影响我国大型真菌生物多样性研究的全局，因此本项目的研究对于全面推动云南省乃至我国大型真菌生物多样性研究具有重要的意义。

在中国生态环境部"生物多样性调查、观测和评估"项目的资助下，云南省高校森林灾害预警控制重点实验室和西南地区生物多样性保育国家林业局重点实验室，对滇东南大型真菌进行了深入的研究。项目执行期间，30 余人先后参加了野外考察、标本采集以及标本鉴定等工作。参与人员主要有伍建榕教授、马焕成教授、赵长林副教授、张英教授、张颖讲师、陈秀虹教授，研究生魏玉倩、竺永金、高岩、尼玛此姆、唐婕、韩雨庭、康定旭、刘亭、马莉、吕则佳、马翔、黄若霞、陈俊珠、王辉、官前鑫、吴亚星、宗同铠、王润芝、梁香娜、周媛婷，本科生王文、李超等。

滇东南
大型真菌彩色图鉴

项目自启动以来，即 2019 ～ 2021 年，项目组对滇东南大型真菌共开展了 15 次野外调查，共计 121 天，在 118 个调查区域进行了调查，涉及样线 97 条，总长 194km，调查样方 186 个，获得标本 1965 份和大型真菌数码照片 5957 张。详细记录了各物种所处的生态系统、植被类型、GPS、识别特征等信息。在野外实地调查过程中，还开展了对当地野生食用菌贩卖情况的访谈，收集重要经济真菌的物种信息、大型真菌受威胁状况等资料。

根据滇东南地区不同的自然气候类型、生境条件和大型真菌出菇时间等情况，研究组每年分批安排野外考察。考察范围覆盖了 118 个村镇：得白村、底泥村、干塘子、核桃寨、酒房村、平坝村、平地村、坪地营村、荣华村、沙子洞村、大坝子村、大箐村、斗咀村、荒凹塘村、界牌村、老方地村、老仆村、土凹嘎村、姑租碑村、半坡寨、大凹腰村、扎底簸村、普斯底村、补嘎村、龙古村、王家村、杨家寨、平田村、腊扎村、断家田村、永胜村、达子咪村、箐角村、白沙村、马扯白村、路乐村、者底冲村、新嘎娘、兴隆街村、箐门村、老箐村、归洞小寨、水井头、堕铁河村、如意新寨、太阳寨村、太阳中寨、老马岭村、箐口梯田景区、沙人寨、安分小寨、四角田村、欧乐村、旧寨、伍家寨、姆基新寨、永安寨、堕碑村、戈它村、碧勐村、岩子脚村等。调查区域范围内的重要自然保护区为云南屏边大围山国家级自然保护区，属亚热带季风性湿润气候，立体气候特征明显，气候温和，雨量充沛，植被丰富，保存有大面积的原始森林，包括大型真菌在内的生物资源非常丰富。

本书涉及的项目工作都是在西南林业大学生物多样保护学院、云南省高校森林灾害预警重点实验室和西南地区生物多样性保育国家林业局重点实验室完成。除了国家自然科学基金（31860208、31360198、31560207）的资助，本书的出版还得到了中国生态环境部"生物多样性调查、观测和评估"项目（No.1963049）的资助。

限于人力及时间，本书疏漏和不足之处在所难免，恳请读者批评指正，以便将来进一步改进。

著　者

2021 年 8 月 8 日

目　　录

总 论

形态学术语

担子菌（Basidiomycota）：产生担子和担孢子的高等真菌。

子实体（fruiting body）：产生并容纳有性孢子的器官。

子实层（hymenium）：是真菌由子囊或担子等组成的一个可育层，整齐排列成栅状，位于子实体的表面。

子实层体（hymenophore）：长在菌盖下面产生子实层的部分，有的呈叶状，有的呈管状。

单生（solitary）：采集时仅看到单一菌株。

散生（adsperse）：零散分布，个体间距较远。

群生（clustered）：多个菌株群居分布。

丛生（cespitose）：多数菌柄从一处长出。

叠生（imbricate）：菌盖上下层叠状排列。

寄生（parasite）：一种真菌生于另一种活的物体上。

腐生（saprobe）：真菌生于死的动植物体上。

白色腐朽（white rot）：简称白腐，分解木质素而把纤维素剩下，木材质地柔软呈海绵状。

褐色腐朽（brown rot）：简称褐腐，分解纤维素留下木质素，木材质地硬呈块状。

共生（symbiosis）：大型真菌与植物互惠互利地生长在一起。

外生菌根菌（ex-mycorrhizal fungus）：大型真菌与植物根系共生。

外菌幕（outer veil）：蘑菇菌蕾外面的一层膜，发育后期往往呈膜状或鳞片状，位于菌托或菌盖的外表。

内菌幕（inner veil）：保护菌褶的一种膜状或丝膜状结构，发育后形成菌环。

菌盖（pileus，cap）：子实体上部的伞状部分。

表皮、盖皮（cutis）：菌盖最外层的一层组织。

条纹状（stria）：菌盖边缘表面上放射状排列的沟纹。

同心环状（zonate）：以菌盖中央为中心的环纹。

鳞片（scales）：由外菌幕残留形成的附属物。

菌柄（stipe，stem）：菌柄是着生菌盖的组织，对子实体起支撑作用。

侧生（lateral）：菌柄由菌盖的一侧生出。

偏生（eccentric）：菌柄偏离菌盖中央。

中生（central）：菌柄生于菌盖中心。

菌环（annulus）：残留于菌柄上的部分内菌幕。

菌托（volva）：菌柄基部的菌幕残余。

菌索（rhizomorph）：菌丝体集合形成的绳状结构。

菌褶（gill，lamellae）：担子菌类伞菌子实体（担子果）的菌盖内侧的皱褶部分，或由菌褶原发育成的结构，是伞菌类真菌分类的重要特征。

　　菌管（tube-like）：大型真菌子实层体的一种。子实层体是长在菌盖下面产生子实层的部分，有的呈褶状，称为菌褶；有的呈管状，称为菌管。

　　直生（adnate）：菌褶与菌柄垂直着生。

　　离生（libera，free）：菌褶与菌柄之间有空隙。

　　弯生（sublibera）：菌褶弯曲着生于菌柄上端。

　　延生（decurrent）：菌褶于菌柄从上向下延伸着生。

　　褶缘（gill margin）：菌褶的边缘。

　　菌肉（context）：菌盖与菌褶之间的部分。

　　乳汁（juice，milk）：菌体分泌的液体。

　　子囊菌（Ascomycota）：产生子囊的菌类的总称。

　　子囊盘（apothecium，discocarp）：子囊果的一种，盘状或碗状，上着生子实层。

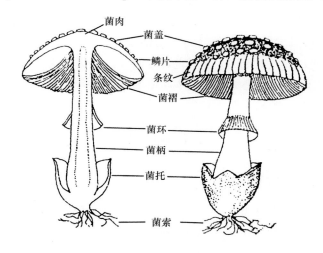

本书使用说明

　　1. 本书是一本大型真菌野外指导用书，适合于大型真菌爱好者、学生在野外采集时鉴定和识别蘑菇。

　　2. 本书内容涉及滇东南地区各生态系统分布的大型真菌共计 306 种，每个种的描述包括了中文名、学名、分类地位、主要形态特征，力争体现真菌的野外特征。

　　3. 本书所采用的图片基本为实地生态照片，有利于使用者直观了解大型真菌的生长环境。

　　4. 本书参考了 R. Singer 和 D. L. Hawksworth 分类系统，并做了适当的调整。为使用者方便查找，拉丁名附了定名人；中文名参考了《中国的真菌》《中国生物多样性红色名录—大型真菌卷》等资料。关于俗名、地方名及用途未介绍，请读者参阅其他同类书籍。

　　5. 文中大型真菌的拉丁名按属名字母顺序、中文名称按照笔画顺序列出。

滇东南
大型真菌彩色图鉴

第一节　滇东南大型真菌研究方法

一、标本采集

　　本书所用标本均为 2019 ～ 2021 年采自滇东南地区的大型真菌，所有标本保藏于西南林业大学菌物标本馆（SWFC）。野外采集大型真菌时需先拍摄大型真菌生态照，包括子实体生境、寄主、共生植物等，再对实体特征进行拍摄，其中包括正面、侧面以及各个部位。并填写县域大型真菌采集记录表，包括采集地、海拔、采集日期、子实体特征等，为后期鉴定提供参考资料。

二、标本形态观察与鉴定

　　在野外采集记录生境及新鲜标本宏观特征的基础上，对采集自滇东南的大型真菌进行研究鉴定。显微形态观察时，用镊子和双面刀片切取部分菌褶或菌管，用 5% KOH 溶液、棉蓝试剂作为浮载剂进行制片，并在显微镜下观察孢子的大小、形状、颜色、表面纹饰，囊状体的形状，记录显微结构特征，随机选取 20 个以上成熟的孢子进行大小测量。对于传统形态学方法难以鉴定的种类，将采用分子生物学方法进行辅助鉴定，获取真菌标本的 ITS 序列，在 NCBI 数据库中进行比对，并构建系统进化树，最后结合形态学特征进行鉴定。

三、物种组成成分分析

　　对滇东南的大型真菌标本进行科、属、种统计分析，统计各类群物种数目及其所占比例，并按照物种数目多少递减排序。优势科（所含种类超过或等于 10 种的科）、优势属（所含种类超过或等于 5 种的属）的统计与分析参照现有文献的方法。

四、区系分析

　　对大型真菌进行区系分析时，按照 Singer 和 Ashton 所提供的各属信息，确定所有的分类单元的区系（科、属、种）地理成分，从而进行区系划分，最终确定其地理分布。

五、与有关地区真菌区系成分的比较

　　相似性计算公式采用 $S=2a/(b+c)\times100\%$ 的方法，公式中 S 为相似性系数；a 为两地的共同属数；b、c 为出现在一个地区的种。两地的共有属数越多，其相似性也越大，或关系越亲近；否则反之。用此方法将滇东南与有关地区大型真菌区系进行比较分析，探讨滇东南真菌区系的起源关系与可能的演化途径。

第二节　滇东南大型真菌物种组成及多样性

一、科、属、种组成数量统计分析

将本书的 306 种大型真菌进行统计分析，见表 1。

表 1　滇东南大型真菌物种组成

门	纲	目	科	属	种
子囊菌门	4	6	8	10	14
担子菌门	4	13	42	104	292
总计	8	19	50	114	306

二、主要科、属情况统计分析

通过对滇东南所采集到的大型真菌标本进行科、属、种的统计分析，其情况如表 2、表 3 所述。

表 2　滇东南大型真菌物种组成

科名	科拉丁名	科内属数	科内种数	占总种数比例 /%
红菇科	Russulaceae	2	39	12.75
牛肝菌科	Boletaceae	14	37	12.09
多孔菌科	Polyporaceae	11	28	9.15
蘑菇科	Agaricaceae	7	16	5.23
丝膜菌科	Cortinariaceae	2	13	4.25
小菇科	Mycenaceae	3	13	4.25
鹅膏菌科	Amanitaceae	1	12	3.92
蜡伞科	Hygrophoraceae	3	11	3.59
小皮伞科	Marasmiaceae	1	11	3.59
锈革菌科	Hymenochaetaceae	5	11	3.59
灵芝科	Ganodermataceae	2	8	2.61
粉褶菌科	Entolomataceae	1	7	2.29
泡头菌科	Physalacriaceae	3	7	2.29
类脐菇科	Omphalotaceae	2	6	1.96
炭角菌科	Xylariaceae	2	5	1.63
丝盖伞科	Inocybaceae	2	5	1.63
小脆柄菇科	Psathyrellaceae	3	5	1.63
轴腹菌科	Hydnangium	1	5	1.63

续表

科名	科拉丁名	科内属数	科内种数	占总种数比例 /%
侧耳科	Pleurotaceae	2	4	1.31
球盖菇科	Strophariaceae	4	4	1.31
乳牛肝菌科	Suillaceae	2	4	1.31
木耳科	Auriculariaceae	1	4	1.31
拟层孔菌科	Fomitopsidaceae	4	4	1.31
韧革菌科	Stereaceae	2	4	1.31
口蘑科	Tricholomataceae	3	3	0.98
鸡油菌科	Cantharellaceae	2	3	0.98
皱孔菌科	Meruliaceae	2	3	0.98
马鞍菌科	Helvellaceae	1	2	0.65
盘菌科	Pezizaceae	2	2	0.65
珊瑚菌科	Clavariaceae	2	2	0.65
硬皮马勃科	Sclerodermataceae	1	2	0.65
锁瑚菌科	Clavulinaceae	1	2	0.65
裂孔菌科	Schizoporaceae	1	2	0.65
耳匙菌科	Auriscalpiaceae	2	2	0.65
棒瑚菌科	Clavariadelphaceae	1	2	0.65
钉菇科	Gomphaceae	1	2	0.65
花耳科	Dacrymycetaceae	2	2	0.65
银耳科	Tremellaceae	1	2	0.65
地舌菌科	Geoglossaceae	1	1	0.33
柔膜菌科	Helotiaceae	1	1	0.33
核盘菌科	Sclerotiniaceae	1	1	0.33
锤舌菌科	Leotiaceae	1	1	0.33
虫草科	Cordycipitaceae	1	1	0.33
光柄菇科	Pluteaceae	1	1	0.33
裂褶菌科	Schizophyllaceae	1	1	0.33
牛舌菌科	Fistulinacea	1	1	0.33
齿菌科	Hydnaceae	1	1	0.33
革菌科	Thelephorales	1	1	0.33
地星科	Geastraceae	1	1	0.33
鬼笔科	Phallaceae	1	1	0.33
总计		114	306	100

表 3　滇东南大型真菌物种较为丰富的属（≥5 种）

属名	属拉丁名	属内种数	占总种数的比例 /%
红菇属	*Russula*	25	8.17
乳菇属	*Lactarius*	14	4.58
鹅膏菌属	*Amanita*	12	3.92
丝膜菌属	*Cortinarius*	11	3.59
小菇属	*Mycena*	11	3.59
小皮伞属	*Marasmius*	11	3.59
栓孔菌属	*Trametes*	10	3.27
湿伞属	*Hygrocybe*	8	2.61
粉褶菌属	*Entoloma*	7	2.29
牛肝菌属	*Boletus*	7	2.29
绒盖牛肝菌属	*Xerocomus*	7	2.29
褶孔牛肝菌属	*Phylloporus*	6	1.96
木层孔菌属	*Phellinus*	6	1.96
灵芝属	*Ganoderma*	6	1.96
蜡蘑属	*Laccaria*	5	1.63
总计		146	47.71

从以上统计结果来看，优势科（≥10 种）有 10 科，分别为红菇科 Russulaceae（39 种）、牛肝菌科 Boletaceae（37 种）、多孔菌科 Polyporaceae（28 种）、蘑菇科 Agaricaceae（16 种）、丝膜菌科 Cortinariaceae（13 种）、小菇科 Mycenaceae（13 种）、鹅膏菌科 Amanitaceae（12 种）、蜡伞科 Hygrophoraceae（11 种）、小皮伞科 Marasmiaceae（11 种）、锈革菌科 Hymenochaetaceae（11 种），这 10 个科占总科数量的 20%，共有大型真菌 191 种，种的数量占总种数的 62.42%。

优势属（≥5 种）有 15 属，分别为红菇属 *Russula*（25 种）、乳菇属 *Lactarius*（14 种）、鹅膏菌属 *Amanita*（12 种）、丝膜菌属 *Cortinarius*（11 种）、小菇属 *Mycena*（11 种）、小皮伞属 *Marasmius*（11 种）、栓孔菌属 *Trametes*（10 种）、湿伞属 *Hygrocybe*（8 种）、粉褶菌属 *Entoloma*（7 种）、牛肝菌属 *Boletus*（7 种）、绒盖牛肝菌属 *Xerocomus*（7 种）、褶孔牛肝菌属 *Phylloporus*（6 种）、木层孔菌属 *Phellinus*（6 种）、灵芝属 *Ganoderma*（6 种）、蜡蘑属 *Laccaria*（5 种），这 15 个属占总属数量的 13.16%，共有大型真菌 146 种，种的数量占总种数的 47.71%。

三、大型真菌物种多样性分析

由于滇东南地区特殊的地理位置及丰富的植物资源，造就了当地大量的、多

样化的真菌资源。从表1~表3可以看出该地区大型真菌的物种丰富程度。从科属所占的比例来看，红菇科、牛肝菌科都属于大科，分别占总种数的12.75%、12.09%；上述大型真菌的物种总数、科属所占比例反映了该地区大型真菌物种的多样性。物种多样性与该地区复杂的地理环境、多变的气候条件有关，而且与高等植物和昆虫的物种多样性密切相关，只有多样性的环境才能有多样性的物种与之相适应。研究大型真菌物种多样性可为今后该地区真菌与环境条件关系的研究奠定基础。

四、大型真菌区系分析

基于已经鉴定的滇东南大型真菌的地理成分特征的分析结果，可以将滇东南大型真菌的114个属划分为以下几个类型，其中部分属的区系分布不明确。

（1）世界分布属，指广泛分布于世界各大洲，没有特定的分布中心的属。该类型有：蘑菇属 *Agaricus*、田头菇属 *Agrocybe*、鹅膏菌属 *Amanita*、木耳属 *Auricularia*、小双孢盘菌属 *Bisporella*、牛肝菌属 *Boletus*、革盖菌属 *Cerrena*、辣牛肝菌属 *Chalciporus*、珊瑚菌属 *Clavaria*、锁瑚菌属 *Clavulina*、拟锁瑚菌属 *Clavulinopsis*、集毛孔菌属 *Coltricia*、小鬼伞属 *Coprinellus*、鬼伞属 *Coprinopsis*、耳盘菌属 *Cordierites*、虫草属 *Cordyceps*、云芝属 *Coriolu*、丝膜菌属 *Cortinarius*、喇叭菌属 *Craterellus*、靴耳属 *Crepidotus*、囊皮伞属 *Cystoderm*、拟迷孔菌属 *Daedaleopsis*、轮层炭壳菌属 *Daldinia*、胶孔菌属 *Favolaschia*、牛舌菌属 *Fistulina*、拟层孔菌属 *Fomitopsis*、盔孢伞属 *Galerina*、地星属 *Geastrum*、裸伞属 *Gymnopilus*、裸脚伞属 *Gymnopus*、亚侧耳属 *Hohenbuehelia*、齿菌属 *Hydnum*、湿伞属 *Hygrocybe*、纤孔菌属 *Inonotus*、容氏孔菌属 *Junghuhnia*、蜡蘑属 *Laccaria*、炮孔菌属 *Laetiporus*、疣柄牛肝菌属 *Leccinum*、环柄菇属 *Lepiota*、马勃属 *Lycoperdon*、微皮伞属 *Marasmiellus*、小皮伞属 *Marasmius*、小孔菌属 *Microporus*、小菇属 *Mycena*、红蛋巢菌属 *Nidula*、扇菇属 *Panellus*、盘菌属 *Peziza*、褶孔牛肝菌属 *Phylloporus*、侧耳属 *Pleurotus*、多孔菌属 *Polyporus*、小脆柄菇属 *Psathyrella*、裸盖菇属 *Psilocybe*、粉末牛肝菌属 *Pulveroboletus*、密孔菌属 *Pycnoporus*、枝瑚菌属 *Ramaria*、红菇属 *Russula*、裂褶菌属 *Schizophyllum*、硬皮马勃属 *Scleroderma*、韧革菌属 *Stereum*、松塔牛肝菌属 *Strobilomyces*、革菌属 *Thelephora*、栓孔菌属 *Trametes*、口蘑属 *Tricholoma*、拟口蘑属 *Tricholomopsis*、干酪菌属 *Tyromyces*、炭角菌属 *Xylaria*、趋木革菌属 *Xylobolus*，共计67属，占总属数的58.77%。

（2）北温带分布属，指广泛分布于北半球（欧亚大陆及北美洲）温带地区的属。该类型有：网孢盘菌属 *Aleuria*、鸡油菌属 *Cantharellus*、棒瑚菌属 *Clavariadelphus*、冬菇属 *Flammulina*、地舌菌属 *Geoglossum*、马鞍菌属 *Helvella*、蜡伞属 *Hygrophorus*、丝盖伞属 *Inocybe*、耙齿菌属 *Irpex*、库恩菌属 *Kuehneromyces*、乳菇属

Lactarius、小香菇属 *Lentinellus*、香菇属 *Lentinus*、锤舌菌属 *Leotia*、白环柄菇属 *Leucoagaricus*、木层孔菌属 *Phellinus*、假杯伞属 *Pseudoclitocybe*、乳牛肝菌属 *Suillus*、粉孢牛肝菌属 *Tylopilus*、绒盖牛肝菌属 *Xerocomus*，共计 20 属，占总属数的 17.54%。

（3）亚热带—热带分布属，指分布中心在热带地区，但在亚热带至温带也有分布。小牛肝菌属 *Boletinus*、粉褶菌属 *Entoloma*、灵芝属 *Ganoderma*、圆孔牛肝菌属 *Gyroporus*、锈革菌属 *Hymenochaete*、白鬼伞属 *Leucocoprinus*、小奥德蘑属 *Oudemansiella*、银耳属 *Tremella*、附毛孔菌属 *Trichaptum*、草菇属 *Volvariella*、干蘑属 *Xerula*，共计 11 属，占总属数的 9.65%。

（4）泛热带分布属，指分布于热带或可达亚热带至温带地区的属。假芝属 *Amauroderma*、条孢牛肝菌属 *Boletellus*、桂花耳属 *Dacryopinax*、竹荪属 *Dictyophora*、俄氏孔菌属 *Earliella*，共计 5 属，占总属数的 4.39%。

综上所述，滇东南地区大型真菌属的分布以世界分布属为主，其次是北温带分布属、亚热带—热带分布属，显示出滇东南大型真菌的分布区系具备从温带向热带过渡的特征。

五、与其他地区大型真菌区系关系

为探讨滇东南大型真菌区系的起源与相关地区区系的亲缘关系，项目组分别选取了四川盆地大型真菌、贵州大型真菌、车八岭大型真菌和贺兰山大型真菌为例说明大型真菌区系与滇东南真菌区系的亲缘关系，见表 4。

表 4　滇东南与有关地区的大型真菌区系比较

相似性指数 ＼ 地区	贵州	四川盆地	车八岭	贺兰山
与滇东南的共有属	58	43	64	37
相似性系数 /%	39.46	42.57	54.70	41.11

从分析结果可看出，滇东南大型真菌区系与车八岭的真菌区系具有较高的相似程度。分析原因是滇东南地区与车八岭有相近的地理纬度、气候条件、地形地貌等因素。揭示了两个地区在大型真菌的起源上具有比较密切的联系；滇东南大型真菌区系与四川盆地真菌区系相似度为 42.57%，这与四川盆地为亚热带季风气候和良好的森林环境有一定的关系。滇东南大型真菌区系与贺兰山大型真菌、贵州大型真菌区系相似度分别为 41.11%、39.46%，说明滇东南与两地的真菌区系具有一定的亲缘关系。

第三节　滇东南大型真菌物种资源评价

滇东南大型真菌种类丰富，其中有很多种类与人类关系密切，根据大型真菌的经济利用价值，将滇东南内采集到的大型真菌资源大致分为三大类，分别为食用菌、药用菌和毒菌，见表 5。

表 5　滇东南地区大型真菌经济价值

经济价值	数量 / 种	占总种数比例 /%
食用	107	34.97
药用	83	27.12
毒菌	42	13.73
总计	232	62.09

一、食用菌资源

根据初步统计，滇东南地区内食用菌有 107 种，常见食用菌有雀斑蘑菇 *Agaricus micromegethus*、灰鳞蘑菇 *Agaricus moelleri*、双环林地蘑菇 *Agaricus placomyces*、柳生田头菇 *Agrocybe salicacicola*、黑木耳 *Auricularia auricula*、皱木耳 *Auricularia delicata*、褐黄木耳 *Auricularia fuscosuccinea*、鸡油菌 *Cantharellus cibarius*、蛹虫草 *Cordyceps militaris*、冬菇 *Flammulina velutipes*、糙皮侧耳 *Pleurotus ostreatus*、肺形侧耳 *Pleurotus pulmonarius*、变绿红菇 *Russula virescens*、干巴革菌 *Thelephora ganbajun* 等。

二、药用菌资源

药用菌共有 83 种，常见药用菌有假芝 *Amauroderma rugosum*、单色下皮黑孔菌 *Cerrena unicolor*、白绒鬼伞 *Coprinopsis lagopus*、黑轮层炭壳 *Daldinia concentrica*、树舌灵芝 *Ganoderma applanatum*、有柄灵芝 *Ganoderma gibbosum*、灵芝 *Ganoderma lingzhi*、毛嘴地星 *Geastrum fimbriatum*、褐圆孔牛肝菌 *Gyroporus castaneus*、薄壳纤孔菌 *Inonotus cuticularis*、齿囊耙齿菌 *Irpex hydnoides*、白囊耙齿菌 *Irpex lacteus* 等。

三、毒菌资源

毒菌共有 42 种，常见毒菌有赭红拟口蘑 *Tricholomopsis rutilans*、灰花纹鹅膏 *Amanita fuliginea*、粉褶鹅膏 *Amanita incarnatifolia*、浅橙黄鹅膏 *Amanita javanica*、长条棱鹅膏 *Amanita longistriata*、红褐鹅膏 *Amanita orsonii*、豹斑毒鹅膏 *Amanita pantherina*、假灰托鹅膏 *Amanita pseudovaginata*、灰鹅膏 *Amanita vaginata*、白

毒鹅膏 *Amanita verna*、鳞柄白毒鹅膏 *Amanita virosa*、黄褐盔孢伞 *Galerina helvoliceps*、沟条盔孢伞 *Galerina vittiformis* 等。

四、滇东南大型真菌资源受威胁因素

通过评估滇东南大型真菌物种多样性的受威胁状况，总结出滇东南地区大型真菌受威胁的主要因素包括如下几个。

1. 人为干扰

从滇东南居民在大型真菌利用方面的情况来看，各乡镇主要以小商贩将自己采集到的食用菌售卖为主，因此滇东南范围内基本上没有形成成熟的野生食用菌销售市场，日常售卖的食用菌也仅以当地种植的平菇、香菇、木耳、金针菇之类的常见食用菌为主；其他常见野生食用菌主要是牛肝菌类、红菇类、鸡油菌等，受到季节的影响在雨水充分的 6～8 月，会有频繁采食情况。除此之外，大多数食用菌因为体积较小或者口感不佳等原因尚未受到明显的干扰。

2. 生境退化和破坏

为谋求生计，保护区周围，以及一些原生林被开发种植香蕉、茶树等经济作物。原生林受到严重的人为干扰，真菌多样性在人为活动中和环境破坏中逐渐消失。自然灾害的发生致使大型真菌的生境丧失。山体滑坡等自然灾害在山区乡镇较为频发，大雨过后导致的山体裸露处大型真菌难以生存和繁衍。

3. 过度采集

在滇东南发现大量的鸡枞菌，在采集地深受当地居民的青睐。在鸡枞菌发生季节，居民都会不遗余力地专门采集食用或晒干以待商户上门收购。在采集时，采集者为得到完整的菌柄，直接破坏其生长环境，同时会采摘未开伞的幼嫩菇体，而幼嫩的菇体无法产生孢子，不利于产生后代，且带来的经济价值不高。

而对于其他美味的食药用菌，如香菇、乳菇类、红菇类、灵芝类等也受当地居民青睐，但当地居民缺乏物种资源保护意识，在野外采集食用菌时往往进行地毯式采集，采集未开伞的幼嫩子实体，并且采集过程中往往将树枝砍下采摘，甚至将树枝搬回家中当柴烧，严重破坏物种生存环境，如果不加以保护，部分种将会在此地面临极危甚至灭绝的境地。

五、滇东南大型真菌保护空缺识别与保护建议

（1）建议滇东南地区成立野生大型真菌专项管理部门，建立大型真菌研究实验室，建设大型真菌菌物研究基地。相关部门保护依法开发利用和经营管理野生大型真菌资源的单位和个人的合法权益。鼓励和支持开展大型真菌资源保护、科学

研究、培育利用等工作的单位和个人，对有突出贡献的单位和个人给予肯定和奖励。积极主动开展保护大型真菌的宣传教育工作，普及大型真菌相关的知识，提高公民的保护意识。保护野生大型真菌是每个单位和个人的义务，禁止任何单位和个人进入特定区域从事非法采集和破坏生境的违法行为，一经发现，依法对其行为进行检举和控告。依据滇东南大型真菌物种评价结果，建立行政区重点保护大型真菌名录，上报相关部门进行制定并批准公布。加强对负责大型真菌保护工作部门的监督，加强与各部门之间的协调工作。主管部门应在行政区划定重点保护大型真菌物种的天然集中区域，设置保护点，设立保护标志；监视、监测大型真菌生存环境的变化，积极采取应对措施，维护和改善大型真菌的生存环境。推动大型真菌"一区一馆五库"建设，即在滇东南建立菌物保育区、菌物标本馆、菌种资源库、菌种活体组织库、菌物有效成分库、菌物基因库和菌物信息库。因科学研究、人工培育、资源调查需要进入大型真菌天然原生地进行采集任务的，需向有关部门申请采集证，并上报备案。未有采集证非法进入，依法追究法律责任。制定对珍稀物种的采收标准，对采集人员进行培训，同时加强市场管理工作和监管力度，对过于吹嘘野生大型真菌益处、恶意哄抬价格人员进行训诫，对扰乱市场管理秩序人员，依法追究法律责任。

（2）设置大型真菌重点保护区域。在调查中发现大围山国家自然保护区是屏边县大型真菌资源主要集中分布地。元阳县由于地处干热河谷，气候较为干旱，与其他地区相比大型真菌分布较少，但在该县的沙拉托乡采集到中国特有种——干巴菌。目前，自然保护区管控还有待进一步加强，自然保护区内居民较多且有较为严重的人为干扰存在。建议将大围山国家级自然保护区部分区域作为生物核心管护区，严格执行相关的法律法规，禁止一切无关人为活动，对大型真菌种质资源进行就地保护。

（3）加强对部分重要食药用菌的保护。滇东南居民食用较多的大型真菌主要是松乳菇、多汁乳菇、香菇、木耳、鸡油菌、牛肝菌类、灵芝类等具有重要食用和药用价值的类群，从调查情况来看，松乳菇、木耳、香菇为当地居民的主要采食种类，但其在自然状态下的发生量较大，不存在风险；而灵芝类、牛肝菌类大型真菌因被认为具有重要的食用价值、药用价值和经济价值，长期以来已被过度采食，在野外能采集到的数量已急剧减少，应该采取积极有效措施加以保护。

（4）加强对特有物种和受威胁物种的保护。通过宣传，让当地居民了解和认识滇东南分布的中国特有大型真菌和受威胁物种，号召当地居民尽量不采集这类野生大型真菌资源，以保障重点大型真菌的永续繁衍。

各 论

1. 黏地舌菌 *Geoglossum glutinosum* Pers.

子囊菌门 Ascomycota、地舌菌纲 Geoglossomycetes、地舌菌目 Geoglossales、地舌菌科 Geoglossaceae、地舌菌属 *Geoglossum*

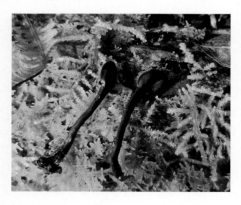

形态特征：子囊果中型，肉质，外形酷似炭棒菌，具柄。子实层部分长舌形、棒状或长棒状，稍扁平，纯黑色。菌柄表面纯黑色，强烈胶化，极黏。

2. 橘色小双孢盘菌 *Bisporella citrina* (Batsch) Korf & S. E. Carp.

子囊菌门 Ascomycota、锤舌菌纲 Leotiomycetes、柔膜菌目 Helotiales、柔膜菌科 Helotiaceae、小双孢盘菌属 *Bisporella*

形态特征：子囊果小型，肉质。子囊盘小盘状，平坦。子实层表面光滑，柠檬黄色至橘色，干时色深。菌柄近中生。

3. 叶状耳盘菌 *Cordierites frondosus* (Kobayasi) Korf

子囊菌门 Ascomycota、锤舌菌纲 Leotiomycetes、柔膜菌目 Helotiales、核盘菌科 Sclerotiniaceae、耳盘菌属 *Cordierites*

形态特征：子囊盘小，黑色，呈浅盘状或浅杯状，由数枚或很多枚集聚在一起，具短柄或几乎无柄，个体大者盖边缘呈波状，上表面光滑，下表面粗糙和有棱纹，湿润时有弹性，呈木耳状或叶状，干燥后质硬，味略苦涩。

4. 黄柄胶地锤菌 *Leotia marcida* Pers.

子囊菌门 Ascomycota、锤舌菌纲 Leotiomycetes、锤舌菌目 Leotiales、锤舌菌科 Leotiaceae、锤舌菌属 *Leotia*

形态特征：子实体头部扁半球形，不规则卷皱，柠檬黄色至暗黄绿色。菌柄圆形或稍扁，深蜜黄色，上部有细鳞。

5. 黑马鞍菌 *Helvella atra* J. König

子囊菌门 Ascomycota、盘菌纲 Pezizomycetes、盘菌目 Pezizales、马鞍菌科 Helvellaceae、马鞍菌属 *Helvella*

形态特征：子囊果小，黑灰色。菌盖呈马鞍形或不正规马鞍形，边缘完整，与柄分离，上表面，即子实层面黑色至黑灰色，平整，下表面灰色或暗灰色，平滑，无明显粉粒。菌柄圆柱形或侧扁，稍弯曲，黑色或黑灰色，往往较菌盖颜色浅，表面有粉粒，基部色淡，内部实心。

6. 马鞍菌 *Helvella elastica* Bull.

子囊菌门 Ascomycota、盘菌纲 Pezizomycetes、盘菌目 Pezizales、马鞍菌科 Helvellaceae、马鞍菌属 *Helvella*

形态特征：子囊果小。菌盖马鞍形，蛋壳色至褐色或近黑色，表面平滑或卷曲，边缘与柄分离。菌柄圆柱形，蛋壳色至灰色。

7. 橙黄网孢盘菌 *Aleuria aurantia* (Pers.) Fuckel

子囊菌门 Ascomycota、盘菌纲 Pezizomycetes、盘菌目 Pezizales、盘菌科 Pezizaceae、网孢盘菌属 *Aleuria*

形态特征：子实体较小，子囊盘盘状或近环状。无柄，子实层面橙黄色或者鲜橙黄色，背面及外表面近白色，粉末状。

8. 泡质盘菌 *Peziza vesiculosa* Pers.

子囊菌门 Ascomycota、盘菌纲 Pezizomycetes、盘菌目 Pezizales、盘菌科 Pezizaceae、盘菌属 *Peziza*

形态特征: 子实体中等大小，在最初阶段接近球形，逐渐延伸成没有菌柄的杯状，子实体表面接近白色，慢慢变成淡棕色，外面是白色的，有粉状物质，边缘弯曲，紧紧地卷起。菌肉是白色的，质地脆。

9. 蛹虫草 *Cordyceps militaris* (L.) Fr.

子囊菌门 Ascomycota、粪壳菌纲 Sordariomycetes、肉座菌目 Hypocreales、虫草科 Cordycipitaceae、虫草属 *Cordyceps*

形态特征: 子座（子实体）单生或数个一起从寄生蛹体的头部或节部长出，颜色为橘黄色或橘红色，蛹体颜色为紫色。一般当蛹虫草的菌丝把蛹体内的各种组织和器官分解完毕后，菌丝体发育也进入了一个新的阶段，形成橘黄色或橘红色的顶部略膨大的呈棒状的子座。

10. 亚炭角菌 *Xylaria aemulans* Starb.

子囊菌门 Ascomycota、粪壳菌纲 Sordariomycetes、炭角菌目 Xylariales、炭角菌科 Xylariaceae、炭角菌属 *Xylaria*

形态特征: 有子座，无柄或有柄，常可直立。子囊果为子囊壳，埋生于子座内，通常暗色，有孔口（少数无孔口），有喙，单生或聚生。侧丝线形，分枝，成熟时有所消解。

11. 大孢炭角菌 *Xylaria berkeleyi* Mont.

子囊菌门 Ascomycota、粪壳菌纲 Sordariomycetes、炭角菌目 Xylariales、炭角菌科 Xylariaceae、炭角菌属 *Xylaria*

形态特征: 子实体一般单根，头部近圆柱形或扁圆，顶部钝，内部白色，充实。柄部稍紫褐色，有皱纹，基部有绒毛。

12. 黑炭角菌 *Xylaria nigrescens* (Sacc.) Lloyd

子囊菌门 Ascomycota、粪壳菌纲 Sordariomycetes、炭角菌目 Xylariales、炭角菌科 Xylariaceae、炭角菌属 *Xylaria*

形态特征： 地下部分连接着白蚁窝，早期白色，后变黑色。头部有纵行皱纹。假根从柄基部延伸至地下，末端连接着菌核。

13. 多形炭角菌 *Xylaria polymorpha* (Pers.) Grev.

子囊菌门 Ascomycota、粪壳菌纲 Sordariomycetes、炭角菌目 Xylariales、炭角菌科 Xylariaceae、炭角菌属 *Xylaria*

形态特征： 子座一般中等，单生或几个在基部连在一起，干时质地较硬，上部呈棒形、圆柱形、椭圆形、哑铃形、近球形或扁曲，内部肉色，表皮多皱，暗色或黑褐色至黑色，无不育顶部。柄部一般较细，生腐木上者较生土中腐木或腐木裂缝中的要细长，往往生木头上的基部有绒毛。

14. 黑轮层炭壳菌 *Daldinia concentrica* J. D. Rogers & Y. M. Ju

子囊菌门 Ascomycota、粪壳菌纲 Sordariomycetes、炭角菌目 Xylariales、炭角菌科 Xylariaceae、轮层炭壳菌属 *Daldinia*

形态特征：子囊果单生或群生于基物表面，小型，质地致密、坚硬。子座球形至半球形，无柄，表面光滑，初期多呈灰褐色至红褐色，成熟时具明显的漆样光泽，内部暗褐色，具明显的黑白相间的同心环带，表皮下为黄褐色至暗红色。子囊壳近棒状至长卵形，埋生，在子座表面开口，孔口点状至稍明显。

15. 糙皮侧耳 *Pleurotus ostreatus* (Jacq.) P. Kumm.

担子菌门 Basidiomycota、蘑菇纲 Agaricomycetes、蘑菇目 Agaricales、侧耳科 Pleurotaceae、侧耳属 *Pleurotus*

形态特征：子实体中等至大型。菌盖白色至灰白色、青灰色，有纤毛，水浸状，扁半球形，后平展，有后沿。菌肉白色，厚，菌褶白色，稍密至稍稀，延生，在柄上交织。菌柄侧生，短或无，内实，白色，基部常有绒毛。

16. 贝形侧耳 *Pleurotus porrigens* (Pers.) P. Kumm.

担子菌门 Basidiomycota、蘑菇纲 Agaricomycetes、蘑菇目 Agaricales、侧耳科 Pleurotaceae、侧耳属 *Pleurotus*

形态特征：子实体小至中等。菌盖贝壳形、半圆形或近扇形，光滑，水浸状，白色，盖基部有绒毛，边缘内卷。无菌柄。菌肉白色，薄。菌褶从基部放射生出，白色，分叉，窄，密，不等长。

17. 肺形侧耳 *Pleurotus pulmonarius* (Fr.) Quél.

担子菌门 Basidiomycota、蘑菇纲 Agaricomycetes、蘑菇目 Agaricales、侧耳科 Pleurotaceae、侧耳属 *Pleurotus*

形态特征：子实体中等大。菌盖扁半球形至平展，倒卵形至肾形或近扇形，表面光滑，白色、灰白色至灰黄色，边缘平滑或稍呈波状。菌肉白色，靠近基部稍厚。菌褶白色，稍密，延生，不等长。菌柄很短或几无，白色，有绒毛，后期近光滑，内部实心至松软。

18. 地生亚侧耳 *Hohenbuehelia petaloides* (Bull.) Schulzer

担子菌门 Basidiomycota、蘑菇纲 Agaricomycetes、蘑菇目 Agaricales、侧耳科 Pleurotaceae、亚侧耳属 *Hohenbuehelia*

形态特征：子实体勺形。菌褶延生或从子实体着生点呈放射状向四周盖缘处生出，有或无菌柄，或常由菌褶延生至基部成假柄状。菌盖表面光滑，无横纹。

19. 灰花纹鹅膏 *Amanita fuliginea* Hongo

担子菌门 Basidiomycota、蘑菇纲 Agaricomycetes、蘑菇目 Agaricales、鹅膏菌科 Amanitaceae、鹅膏菌属 *Amanita*

形态特征：子实体较小。菌盖幼时近卵圆形，开展后中部下凹而中央往往有一小凸起，暗灰色，中央近黑色，表面有比较明显的纤维状花纹。菌肉白色，稍薄。菌褶离生，白色，较密，不等长。菌柄细长，近圆柱形，灰白色或灰褐色，纤维状小鳞成花纹，基部色浅，呈污白色。

20. 粉褶鹅膏 *Amanita incarnatifolia* Zhu L. Yang

担子菌门 Basidiomycota、蘑菇纲 Agaricomycetes、蘑菇目 Agaricales、鹅膏菌科 Amanitaceae、鹅膏菌属 *Amanita*

形态特征: 担子果单生至散生,小型至中等。菌盖扁半球形至平展,浅灰色至浅灰黑色,边缘具短棱纹。菌肉白色,略带浅粉红色。菌褶离生,粉红色至浅粉红色,成熟后色淡,较密。菌柄近等粗,淡粉色至近白色,内部浅粉红色。菌托袋状,白色,易碎,约1/3与菌柄贴生。菌环上位着生,近白色,膜质,易碎。

21. 浅橙黄鹅膏 *Amanita javanica* (Corner & Bas) T. Oda, C. Tanaka & Tsuda

担子菌门 Basidiomycota、蘑菇纲 Agaricomycetes、蘑菇目 Agaricales、鹅膏菌科 Amanitaceae、鹅膏菌属 *Amanita*

形态特征: 子实体大,浅橙黄色至浅黄色。菌盖初期近卵圆形、钟形,后呈扁平至近平展,中部有宽的凸起,表面光滑或光亮,边缘有细长条棱,湿时黏。菌肉白黄色,盖中部稍厚。菌褶浅黄色至黄色,离生,稍密,不等长。菌柄柱形或上部渐细,同盖色。有菌托。

22. 长条棱鹅膏 *Amanita longistriata* S. Imai

担子菌门 Basidiomycota、蘑菇纲 Agaricomycetes、蘑菇目 Agaricales、鹅膏菌科 Amanitaceae、鹅膏菌属 *Amanita*

形态特征：子实体小至中等。菌盖幼时近卵圆形至近钟形，后期近平展，往往中部低中央稍凸，灰褐色或淡褐色带浅粉红色，边缘有放射状长条棱。菌肉薄，污白色，近表皮处色暗。菌褶污白色至微带粉红色，稍密，离生，不等长，短菌褶似刀切状。菌柄细长圆柱形，污白色，表面平滑，内部松软至中空。菌环膜质，污白色，生柄上部。菌托苞状，污白色。

23. 隐花青鹅膏 *Amanita manginiana* Har. & Pat.

担子菌门 Basidiomycota、蘑菇纲 Agaricomycetes、蘑菇目 Agaricales、鹅膏菌科 Amanitaceae、鹅膏菌属 *Amanita*

形态特征：子实体较大。菌盖初期卵圆形至钟形，后渐平展，中部稍凸起，肉桂褐色至灰褐色，有时近红褐色，光亮，具深色纤毛状隐花纹，边缘平滑无条纹并往往悬挂内菌幕残片。菌肉白色，较厚。菌褶白色，稍密，宽，离生，不等长，边缘锯齿状。菌柄圆柱形，白色无花纹，肉质，脆，内部松软至空心，具白色纤毛状鳞片，基部稍粗。菌环白色，膜质，下垂，上面有细条纹，往往易脱落，悬挂在菌盖的边缘。菌托杯状，白色，较大，有时上缘破裂成大片附着在菌盖表面。

24. 红褐鹅膏 *Amanita orsonii* Ash. Kumar & T. N. Lakh.

担子菌门 Basidiomycota、蘑菇纲 Agaricomycetes、蘑菇目 Agaricales、鹅膏菌科 Amanitaceae、鹅膏菌属 *Amanita*

形态特征：菌盖红褐色、黄褐色至灰褐色，被有污白色、浅灰色至灰褐色的近锥状、疣状、颗粒状至絮状菌幕残余。菌肉白色，伤后变淡红褐色。菌褶离生，稍密，不等长，白色。菌柄基部近球形。

25. 卵盖鹅膏 *Amanita ovoidea* (Bull.: Fr.) Quél.

担子菌门 Basidiomycota、蘑菇纲 Agaricomycetes、蘑菇目 Agaricales、鹅膏菌科 Amanitaceae、鹅膏菌属 *Amanita*

形态特征：子实体中等至较大，白色。菌盖直径初期近卵形至钟形，后期渐变成扁半球形，表面附有大块污白色外菌幕残片，边缘无条棱。菌肉白色。菌褶离生，白色，不等长，稍密。菌柄柱形，白色，表面有粉状或短纤毛状鳞片，基部稍膨大，内部松软。菌环白色，膜质，生柄之上部，易破碎、脱落。菌托白色，近苞状。

26. 豹斑毒鹅膏 *Amanita pantherina* (DC.: Fr.) Schrmm.

担子菌门 Basidiomycota、蘑菇纲 Agaricomycetes、蘑菇目 Agaricales、鹅膏菌科 Amanitaceae、鹅膏菌属 *Amanita*

形态特征：菌盖有时污白色，散布白色至污白色的小斑块或颗粒状鳞片，老后部分脱落，盖缘有明显的条棱，当湿润时表面黏。菌肉白色。菌褶白色，离生，不等长。菌柄圆柱形，表面有小鳞片，内部松软至空心，基部膨大，有几圈环带状的菌托。菌环一般生长在中下部。

27. 假灰托鹅膏 *Amanita pseudovaginata* Hongo

担子菌门 Basidiomycota、蘑菇纲 Agaricomycetes、蘑菇目 Agaricales、鹅膏菌科 Amanitaceae、鹅膏菌属 *Amanita*

形态特征：菌盖扁半球形、凸镜形至平展，常中部稍凹而最中央稍突起，灰色、浅灰色至灰褐色，边缘色浅，有时全菌盖近白色，光滑或有浅灰色至污白色的菌幕残片，边缘有长棱纹。菌肉白色。菌褶离生，白色，干后有时浅灰色，不等长。菌柄长，柱形。无菌环。菌托呈苞状。

28. 灰鹅膏 *Amanita vaginata* (Bull.: Fr.) Vitt.

担子菌门 Basidiomycota、蘑菇纲 Agaricomycetes、蘑菇目 Agaricales、鹅膏菌科 Amanitaceae、鹅膏菌属 *Amanita*

形态特征：子实体中等或较大，瓦灰色或灰褐色至鼠灰色，无菌环，但具有白色较大的菌托。菌盖初期近卵圆形，开伞后近平展，中部凸起，边缘有明显的长条棱，湿润时黏，表面有时附着菌托残片。菌肉白色。菌褶白色至污白色，离生，稍密，不等长。菌柄细长，圆柱形，向下渐粗，污白色或带灰色。菌托呈袋状或苞状。

29. 白毒鹅膏 *Amanita verna* (Bull.: Fr.) Pers.

担子菌门 Basidiomycota、蘑菇纲 Agaricomycetes、蘑菇目 Agaricales、鹅膏菌科 Amanitaceae、鹅膏菌属 *Amanita*

形态特征：子实体中等大，纯白色。菌盖初期卵圆形，开伞后近平展，表面光滑。菌肉白色。菌褶离生，稍密，不等长。菌柄细长圆柱形，基部膨大呈球形，内部实心或松软，菌托肥厚近苞状或浅杯状，菌环生柄之上部。

30. 鳞柄白毒鹅膏 *Amanita virosa* Bertill.

担子菌门 Basidiomycota、蘑菇纲 Agaricomycetes、蘑菇目 Agaricales、鹅膏菌科 Amanitaceae、鹅膏菌属 *Amanita*

形态特征:子实体中等大,纯白色。菌盖边缘无条纹,中部凸起略带黄色,菌肉白色。菌褶白色,离生,较密,不等长。菌柄有显著的纤毛状鳞片,细长圆柱形,基部膨大呈球形。菌托较厚,呈苞状。菌环生柄之上部或顶部。

31. 淡灰蓝粉褶蕈 *Entoloma caesiellum* Noordel. & Wölfel

担子菌门 Basidiomycota、蘑菇纲 Agaricomycetes、蘑菇目 Agaricales、粉褶菌科 Entolomataceae、粉褶菌属 *Entoloma*

形态特征:菌盖半球形至凸镜形,后平展,中央凹陷,淡黄灰色,中央色深,边缘稍带淡蓝色,稍许水浸状,边缘无明显条纹,中央被较多淡褐色鳞片,边缘被少量淡褐色绒毛或光滑。菌肉薄,近白色。菌褶直生,较稀。菌柄与菌盖同色。

32. 丛生粉褶蕈 *Entoloma caespitosum* W. M. Zhang

担子菌门 Basidiomycota、蘑菇纲 Agaricomycetes、蘑菇目 Agaricales、粉褶菌科 Entolomataceae、粉褶菌属 *Entoloma*

形态特征：菌盖斗笠形、凸镜形，具脐突至平展具脐突，中部具明显乳突，淡紫红色、粉红褐色至红褐色，中央乳突及附近带灰褐色，光滑，边缘无条纹，后期可上翘。菌肉近柄处厚，粉褐色。菌柄近粉色。

33. 穆雷粉褶蕈 *Entoloma murrayi* (Berk. & M. A. Curtis) Sacc.

担子菌门 Basidiomycota、蘑菇纲 Agaricomycetes、蘑菇目 Agaricales、粉褶菌科 Entolomataceae、粉褶菌属 *Entoloma*

形态特征：子实体弱小。菌盖顶部具凸尖，黄色至橙黄色，表面丝光发亮，湿润时边缘可见细条纹。菌肉薄，近无色。菌褶近粉黄色至粉红色，稍稀，不等长，弯生至近离生，边缘近波状。菌柄细长柱形，黄白色，光滑或有丝状细条纹，内部空心，基部稍膨大。

34. 尖顶粉褶菌 *Entoloma stylophorum* (Berk. & Broome) Sacc.

担子菌门 Basidiomycota、蘑菇纲 Agaricomycetes、蘑菇目 Agaricales、粉褶菌科 Entolomataceae、粉褶菌属 *Entoloma*

形态特征：子实体小至中等。菌盖圆锥形，褐色，中央尖且呈暗褐色，表面平滑，边缘有条纹。菌褶灰褐带粉红色，直生。菌柄同盖色。

35. 踝孢粉褶蕈 *Entoloma talisporum* Corner & E. Horak

担子菌门 Basidiomycota、蘑菇纲 Agaricomycetes、蘑菇目 Agaricales、粉褶菌科 Entolomataceae、粉褶菌属 *Entoloma*

形态特征：菌盖凸镜形至平展中凹，干燥，被绒毛，具辐射状条纹，边缘整齐，部分内卷，白色、乳白色至白带黄色，中部颜色较深。菌肉薄，白色至黄色。菌褶盖缘处直生至近延生，不等长，白色至黄白色，后粉红色。菌柄细长，圆柱形，白色至黄白色，被有白毛。

36. 暗蓝粉褶菌 *Entoloma lazulinus* (Fr.) Quél.

担子菌门 Basidiomycota、蘑菇纲 Agaricomycetes、蘑菇目 Agaricales、粉褶菌科 Entolomataceae、粉褶菌属 *Entoloma*

形态特征：子实体弱小。菌盖初期近锥形或钟形，后期近半球形，暗蓝灰色、紫黑色至黑蓝色，中部色更深，表面具毛状鳞片，边缘有条纹。菌肉薄，暗蓝色，具强烈的蘑菇气味。菌褶稍密，直生，初期蓝色或带粉红色。菌柄细长，圆柱形，暗蓝色至蓝黑色或蓝紫色，基部有白毛。

37. 白方孢粉褶菌 *Entoloma murraii* f. *albus* Liu

担子菌门 Basidiomycota、蘑菇纲 Agaricomycetes、蘑菇目 Agaricales、粉褶菌科 Entolomataceae、粉褶菌属 *Entoloma*

形态特征：子实体小。菌盖锥形、钟形至半球形，顶部具尖凸，污白色或粉白色，表面平滑。菌肉白色，薄。菌褶粉红色，近直生，稀，窄，不等长。菌柄细长，直立，白色，基部稍膨大或有细绒毛，内实至松软。

38. 白毛草菇 *Volvariella hypopithys* (Fr.) Shaffer

担子菌门 Basidiomycota、蘑菇纲 Agaricomycetes、蘑菇目 Agaricales、光柄菇科 Pluteaceae、草菇属 *Volvariella*

形态特征：子实体一般较小。菌盖初期钟形、斗笠形，后稍扁平，中央凸起，纯白色或中部稍带暗黄色，表面有纤毛状鳞片，边缘有絮状物或丝毛状。菌褶白色变粉红色至肉红色，离生，稍密。菌柄粗，柱形，白色，似有绒感，内部松软。

39. 假灰杯伞 *Pseudoclitocybe cyathiformis* (Bull.) Singer

担子菌门 Basidiomycota、蘑菇纲 Agaricomycetes、蘑菇目 Agaricales、口蘑科 Tricholomataceae、假杯伞属 *Pseudoclitocybe*

形态特征：子实体中等大。菌盖初期半球形，后渐平展至杯状或浅漏斗状，光滑，灰色至棕灰色，水浸状，初期菌盖边缘明显内卷。菌肉松软，较盖色浅，比较薄。菌褶延生，稀或较密，窄，不等长，较盖色浅。菌柄细长，呈柱状或基部膨大，亦有白色绒毛，内部松软。

40. 黄绿口蘑 *Tricholoma sejunctum* (Sowerby) Quél.

担子菌门 Basidiomycota、蘑菇纲 Agaricomycetes、蘑菇目 Agaricales、口蘑科 Tricholomataceae、口蘑属 *Tricholoma*

形态特征：子实体中等大。菌盖初期近锥形，后近平展至平展，中部凸起，表面湿润时稍黏，带黄绿色，中部色深，近光滑，具暗绿色纤毛状条纹，边缘平滑或波状。菌肉稍厚，白色且近表皮处带黄色。菌褶白色带淡黄色，弯生，密，较宽，不等长。菌柄白色带黄色，较长，圆柱形，基部稍粗，实心至松软，表面光滑。

41. 赭红拟口蘑 *Tricholomopsis rutilans* (Schaeff.) Singer

担子菌门 Basidiomycota、蘑菇纲 Agaricomycetes、蘑菇目 Agaricales、口蘑科 Tricholomataceae、拟口蘑属 *Tricholomopsis*

形态特征：子实体中等或较大。菌盖有短绒毛组成的鳞片，浅砖红色或紫红色，甚至褐紫红色，往往中部颜色较深。菌褶带黄色，弯生或近直生，密，不等长，褶缘锯齿状。菌肉白色带黄色，中部厚。菌柄细长或者粗壮，上部黄色下部稍暗，具红褐色或紫红褐色小鳞片，内部松软后变空心，基部稍膨大。

42. 变黑湿伞（参照种）*Hygrocybe* cf. *nigrescens* (Quél.) Kuher

担子菌门 Basidiomycota、蘑菇纲 Agaricomycetes、蘑菇目 Agaricales、蜡伞科 Hygrophoraceae、湿伞属 *Hygrocybe*

形态特征: 子实体较小。受伤处易变黑色。菌盖初期圆锥形，后呈斗笠形，橙红色、橙黄色或鲜红色，从顶部向四面分散出许多深色条纹，边缘常开裂。菌褶浅黄色。菌肉浅黄色，尤其菌柄下部最容易变黑色。菌柄表面带橙色并有纵条纹，内部空心。

43. 绯红湿伞 *Hygrocybe conica* (Schaeff.) P. Kumm.

担子菌门 Basidiomycota、蘑菇纲 Agaricomycetes、蘑菇目 Agaricales、蜡伞科 Hygrophoraceae、湿伞属 *Hygrocybe*

形态特征: 子实体小。菌盖初期近半球形，顶部凸起似钟形，边缘内卷，后期近扁平，中部钝凸，湿时表面黏和湿润，红色至亮橘红色，光滑无毛，有时边缘有细条纹。菌肉近似盖色或淡红色，脆而薄，无明显味。菌褶近直生至弯生，密或稍稀，较宽，厚，橙红色或橙黄色，不等长，边沿平滑。菌柄圆柱形或扁压或扭曲，光滑或有纤毛状条纹，脆，同盖色或下部色浅至黄色，基部白色，内部实心至空心。

44. 凸顶橙红湿伞 *Hygrocybe cuspidata* (Peck) Murrill

担子菌门 Basidiomycota、蘑菇纲 Agaricomycetes、蘑菇目 Agaricales、蜡伞科 Hygrophoraceae、湿伞属 *Hygrocybe*

形态特征：子实体小。菌盖锥形、钟形至斗笠形，后期近平展，中部凸尖，橙红色至橙黄色，表面有丝状条纹，边缘常裂为瓣状，湿时黏。菌肉黄白色，近表皮下呈红色。菌褶黄色，离生，稀而宽。菌柄柱形，内部松软至空心。

45. 浅黄褐湿伞 *Hygrocybe flavescens* (Kauffm.) Sing.

担子菌门 Basidiomycota、蘑菇纲 Agaricomycetes、蘑菇目 Agaricales、蜡伞科 Hygrophoraceae、湿伞属 *Hygrocybe*

形态特征：子实体小。菌盖初期扁半球形，边缘向内卷曲，后期近平展，中部稍下凹，橙黄色至黄色，干后褪色，湿润时黏，有放射状细条纹。菌肉较薄，浅黄色。菌褶黄色，直生又稍延生，稍密，不等长。菌柄近圆柱形，或稍扁平，基部稍变细，黄色，湿时黏，有纵条纹，中空。

46. 粉粒红湿伞 *Hygrocybe helobia* (Arnolds) Bon

担子菌门 Basidiomycota、蘑菇纲 Agaricomycetes、蘑菇目 Agaricales、蜡伞科 Hygrophoraceae、湿伞属 *Hygrocybe*

形态特征:子实体小。菌盖直径扁半球形至扁平,中央有时呈脐状,红黄色至橘黄色,表面有小鳞片。菌肉薄,黄色。菌褶黄白色,不等长,直生至稍延生,宽而较稀。菌柄近圆柱形,橘红色,质脆,光滑,中空。

47. 朱红湿伞 *Hygrocybe miniata* (Fr.) P. Kumm.

担子菌门 Basidiomycota、蘑菇纲 Agaricomycetes、蘑菇目 Agaricales、蜡伞科 Hygrophoraceae、湿伞属 *Hygrocybe*

形态特征:菌盖扁半球形至平展,中央向下凹陷,橙黄色。菌褶直生、上生或稍延生,稀疏,橙黄色。菌柄橙黄色。

48. 条缘橙湿伞 *Hygrocybe mucronella* (Fr.) P. Karst

担子菌门 Basidiomycota、蘑菇纲 Agaricomycetes、蘑菇目 Agaricales、蜡伞科 Hygrophoraceae、湿伞属 *Hygrocybe*

形态特征: 菌盖呈粉黄色，光亮，平滑，边缘平直，潮湿时黏。菌肉带红色，薄，无明显气味。菌褶红色、橙黄色，直生又弯生，宽，很稀，有时分叉，边缘平滑，不等长。菌柄近柱形，稍弯曲，橘红色至深红色，光滑，具长条纹，基部近白色，内部空心。

49. 青绿湿伞 *Hygrocybe psittacina* (Schaeff.) P. Kumm.

担子菌门 Basidiomycota、蘑菇纲 Agaricomycetes、蘑菇目 Agaricales、蜡伞科 Hygrophoraceae、湿伞属 *Hygrocybe*

形态特征: 子实体小。菌盖半球形至扁半球形，往往中部稍凸起，幼时暗绿色，后变至带红色或黄色，湿时表面黏，初期边缘有细条纹。菌肉薄，近似盖色，质脆。菌褶带绿色，后期带红色或黄色，直生，稍稀，不等长，直生。菌柄细，近圆柱形，光滑，稍弯曲，同盖色，很快变至黄色或橙黄色，老时变红色，表面黏，基部色淡。

50. 蜡黄蜡伞 *Hygrophorus chlorophanus* Fr.

担子菌门 Basidiomycota、蘑菇纲 Agaricomycetes、蘑菇目 Agaricales、蜡伞科 Hygrophoraceae、蜡伞属 *Hygrophorus*

形态特征: 子实体一般小。菌盖初期半球形到钟形,后平展,硫黄色至金黄色,表面光滑而黏,边缘有细条纹或常开裂。菌肉淡黄色,薄,脆。菌褶同盖色或稍浅,直生至弯生,稍稀,薄。菌柄圆柱形,稍弯曲,同盖色,表面平滑,黏,往往有纵裂纹。

51. 浅黄褐蜡伞 *Hygrophorus leucophaeus* (Scop.) Fr.

担子菌门 Basidiomycota、蘑菇纲 Agaricomycetes、蘑菇目 Agaricales、蜡伞科 Hygrophoraceae、蜡伞属 *Hygrophorus*

形态特征: 子实体小。菌盖浅橙黄色至浅黄褐色,中部稍凸带褐红色,表面黏。菌肉呈肉色,中部厚。菌褶白色至乳黄白色,直生至延生,稀。菌柄细长,稍弯曲,向下渐变细,乳白黄色,黏,顶部有细粉粒,内实至松软。

52. 地衣亚脐菇 *Lichenomphalia hudsoniana* (H. S. Jenn.) Redhead, Lutzoni, Moncalvo & Vilgalys

担子菌门 Basidiomycota、蘑菇纲 Agaricomycetes、蘑菇目 Agaricales、蜡伞科 Hygrophoraceae、地衣亚脐菇属 *Lichenomphalia*

形态特征:菌盖扁半球形至平展,淡黄色至奶油色,光滑,不黏,中央下陷,边缘有辐射状沟纹。菌肉薄,近白色至淡黄色。菌褶直生,奶油色至淡黄色,较稀。菌柄白色至污白色。

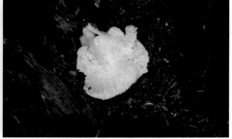

53. 双型裸脚伞 *Gymnopus biformis* (Peck) Halling

担子菌门 Basidiomycota、蘑菇纲 Agaricomycetes、蘑菇目 Agaricales、类脐菇科 Omphalotaceae、裸脚伞属 *Gymnopus*

形态特征:菌盖幼时凸镜形,成熟时平展形,中部下凹,边缘上卷,幼时淡红褐色,成熟时肉桂褐色,边缘颜色较淡,表面光滑,干燥,具有明显的条纹。菌褶直生,较稀疏,白色至灰褐色。菌柄圆柱状,中生,顶部为淡黄褐色,越往下颜色越深,为淡红褐色,表面具微绒毛,直插入基物内。

54. 绒柄裸脚伞 *Gymnopus confluens* (Pers.) Antonín et al.

担子菌门 Basidiomycota、蘑菇纲 Agaricomycetes、蘑菇目 Agaricales、类脐菇科 Omphalotaceae、裸脚伞属 *Gymnopus*

形态特征: 子实体较小,菌盖有时钟形至凸镜形,后渐展开至平展,中部微突起,表面光滑,具明显的放射状条纹或小纤维,淡褐色至红褐色,边缘颜色较浅。菌肉较薄,淡褐色。菌褶弯生至离生,稠密,窄,不等长,浅灰褐色至米黄色,褶缘白色。菌柄中生,圆柱形,上下近等粗,有时弯曲,中空,表面光滑或具沟纹,淡红褐色,向基部颜色较深,表面具白色绒毛。

55. 栎裸脚伞 *Gymnopus dryophilus* (Bull.) Murrill

担子菌门 Basidiomycota、蘑菇纲 Agaricomycetes、蘑菇目 Agaricales、类脐菇科 Omphalotaceae、裸脚伞属 *Gymnopus*

形态特征: 菌盖幼时钟形,成熟时凸镜形至平展形,中部深橙色,边缘颜色较淡,为淡橙色至亮橙色,膜质,表面光滑,无条纹和沟纹。菌褶附生至近离生,密集,白色至淡黄色。菌柄长,近棒状,中生,顶部为白色或与菌盖同色,底部为淡黄色至深橙色,表面光滑,直插入基物内。

56. 白黄微皮伞 *Marasmiellus coilobasis* (Berk.) Singer

担子菌门 Basidiomycota、蘑菇纲 Agaricomycetes、蘑菇目 Agaricales、类脐菇科 Omphalotaceae、微皮伞属 *Marasmiellus*

形态特征: 子实体小。菌盖平展,膜质,中部稍凸起,白色,中央微带褐色,不黏,被微细绒毛,边缘略翘并延伸,湿时有褶纹。菌肉薄,伤不变色。菌褶白色,直生至延生,分叉,稀疏,较窄,不等长。菌柄柱形,白色,中生至偏生,下部至基部褐色,有绒毛,纤维质,空心。

57. 哥伦比亚微皮伞 *Marasmiellus columbianus* Singer

担子菌门 Basidiomycota、蘑菇纲 Agaricomycetes、蘑菇目 Agaricales、类脐菇科 Omphalotaceae、微皮伞属 *Marasmiellus*

形态特征: 菌盖凸镜形至平展形,成熟时边缘上卷,中部具脐凹,亮橙色至橙色,边缘颜色较淡,白色至橙白色,表面光滑,具有条纹。菌褶直生,较密集,白色。菌柄棒状,中生,顶部淡灰色,中部白色,底部为淡橙褐色,表面光滑,直插入基物内。

58. 皮微皮伞 *Marasmiellus corticum* Singer

担子菌门 Basidiomycota、蘑菇纲 Agaricomycetes、蘑菇目 Agaricales、类脐菇科 Omphalotaceae、微皮伞属 *Marasmiellus*

形态特征：菌盖平展，凸镜形至扇形，中央下凹，膜质，干后胶质，白色，半透明，被白色细绒毛，具辐射沟纹或条纹。菌肉膜质，白色。菌褶直生，白色，稍稀，不等长。菌柄圆柱形，偏生，常弯曲，白色，被绒毛，基部菌丝体白色。

59. 裂褶菌 *Schizophyllum commune* Fr.

担子菌门 Basidiomycota、蘑菇纲 Agaricomycetes、蘑菇目 Agaricales、裂褶菌科 Schizophyllaceae、裂褶菌属 *Schizophyllum*

形态特征：子实体小型。菌盖白色至灰白色，上有绒毛或粗毛，扇形或肾形，具多数裂瓣。菌肉薄，白色。菌褶窄，从基部辐射而出，白色或灰白色，有时淡紫色，沿边缘纵裂而反卷。柄短或无。

60. 白环柄菇 *Lepiota alba* Lloyd

担子菌门 Basidiomycota、蘑菇纲 Agaricomycetes、蘑菇目 Agaricales、蘑菇科 Agaricaceae、环柄菇属 *Lepiota*

形态特征：子实体较小，菌盖半球形，开伞后中部突起，表面白色，老后淡黄色，具纤维状鳞片，或往往后期有鳞片，菌褶密，稍宽，白色，不等长。菌柄较细长，圆柱形，向下渐粗，白色，菌环以上光滑，以下初期有白色粉末，后变光滑，内实至空心。菌环白色，易消失。

61. 栗色环柄菇 *Lepiota castanea* Quél.

担子菌门 Basidiomycota、蘑菇纲 Agaricomycetes、蘑菇目 Agaricales、蘑菇科 Agaricaceae、环柄菇属 *Lepiota*

形态特征：子实体小。菌盖幼时近钟形至扁平，后平展而中部下凹，中央凸起，表面土褐色至浅栗褐色，中部色暗，表皮裂后形成粒状小鳞片。

62. 冠状环柄菇 *Lepiota cristata* (Bolton) P. Kumm.

担子菌门 Basidiomycota、蘑菇纲 Agaricomycetes、蘑菇目 Agaricales、蘑菇科 Agaricaceae、环柄菇属 *Lepiota*

形态特征：子实体小而细弱。菌盖白色，中部至边缘有红褐色鳞片，边沿近齿状。菌肉白色，薄。菌褶白色，密，离生，不等长。菌柄细长，柱形，空心，表面光滑，基部稍膨大。

63. 绒鳞环柄菇 *Lepiota fuscovinacea* F. H. Moller & J. E. Lange

担子菌门 Basidiomycota、蘑菇纲 Agaricomycetes、蘑菇目 Agaricales、蘑菇科 Agaricaceae、环柄菇属 *Lepiota*

形态特征：担子果小型至中等，菌盖被淡褐色平伏至上翘的绒毛状至絮状鳞片。菌柄具菌环。菌褶离生。

64. 粉褶白环菇 *Leucoagaricus naucinus* (Fr.) Singer

担子菌门 Basidiomycota、蘑菇纲 Agaricomycetes、蘑菇目 Agaricales、蘑菇科 Agaricaceae、白环柄菇属 *Leucoagaricus*

形态特征:菌体中等大小,白色。菌盖扁半球形至平展,表面光滑,有时出现龟裂。菌肉白色,较厚。菌褶稍密,较宽,长短不一,初期白色,后呈淡粉红色。菌柄细长,内部松软至空心,基部膨大。菌环膜质,生于柄的上部,不易脱落,后期与柄分离而能移动。

65. 白绒红蛋巢菌 *Nidula niveotomentosa* (Henn.) Lloyd

担子菌门 Basidiomycota、蘑菇纲 Agaricomycetes、蘑菇目 Agaricales、蘑菇科 Agaricaceae、红蛋巢菌属 *Nidula*

形态特征:担子果呈杯状、桶形、两侧边缘直,几乎平行,少数呈坩埚形。幼担子果有时可见白色、粉黄色的盖膜。包被外侧被有雪白色至奶油色、污白色的细密绒毛,口部有流苏状的白色绒毛;内侧乳白色、肉色、浅黄色、浅黄棕色,靠基部呈浅红褐色,内外侧均平滑无条纹。小包扁圆,红褐色、紫红色、暗栗色至污褐色,无菌索,不与包被内侧的壁相连,但埋生于胶质物中,潮湿时互相黏结,几乎满杯。小包具单层皮层,但其外侧有红褐色、分枝先端呈刺状的鹿角状菌丝。

66. 黄包红蛋巢 *Nidula shingbaensis* K. Das & R. L. Zhao

担子菌门 Basidiomycota、蘑菇纲 Agaricomycetes、蘑菇目 Agaricales、蘑菇科
Agaricaceae、红蛋巢菌属 *Nidula*

形态特征: 担子果群生，小型。包被杯状或瓶状，成熟前杯口覆盖一层白色的盖膜，
杯口向下渐细，无柄。包被 6 层，外表面覆盖一层白色至米黄色的细密绒毛，内
侧光滑，上部暗黄棕色至浅黄色，近底部颜色较深。小包多数，表面黄棕色至黄
褐色。

67. 易碎白鬼伞 *Leucocoprinus fragilissimus* (Ravenel ex Berk. & M. A. Curtis) Pat.

担子菌门 Basidiomycota、蘑菇纲 Agaricomycetes、蘑菇目 Agaricales、蘑菇科
Agaricaceae、白鬼伞属 *Leucocoprinus*

形态特征：担子果单生，小型，膜质，易碎。菌盖成熟后近平展，近白色，辐射状褶纹明显，表面具黄色至黄绿色粉末状鳞片。菌肉极薄，近白色。菌褶离生，近白色，较稀疏，不等长。菌柄淡绿黄色，向下渐粗，基部膨大，呈近杵状。菌环中上位着生，白色，薄膜质，易脱落。

68. 粒皮马勃 *Lycoperdon asperum* (Lév.) de Toni

担子菌门 Basidiomycota、蘑菇纲 Agaricomycetes、蘑菇目 Agaricales、蘑菇科 Agaricaceae、马勃属 *Lycoperdon*

形态特征：子实体小。近梨形或陀螺形，不孕基部发达，初期白色，后呈浅褐色、蜜黄色至茶褐色及浅烟色，外包被粉粒状或小刺粒，不易脱落，老时仅有部分脱落，露出光滑的内包被。

69. 网纹马勃 *Lycoperdon perlatum* Pers.

担子菌门 Basidiomycota、蘑菇纲 Agaricomycetes、蘑菇目 Agaricales、蘑菇科 Agaricaceae、马勃属 *Lycoperdon*

形态特征：子实体一般小。倒卵形至陀螺形，初期近白色，后变灰黄色至黄色，不孕基部发达或伸长如柄。外包被由无数小疣组成，中间有较大且易脱落的刺，刺脱落后显出淡色而光滑的斑点。

70. 小马勃 *Lycoperdon pusillum* Batsch: Pers.

担子菌门 Basidiomycota、蘑菇纲 Agaricomycetes、蘑菇目 Agaricales、蘑菇科 Agaricaceae、马勃属 *Lycoperdon*

形态特征：子实体小，近球形，初期白色，后变土黄色及浅茶色，无不孕基部，由根状菌索固定于基物上。外包被由细小易脱落的颗粒组成。内包被薄，光滑，成熟时顶尖有小口，内部蜜黄色至浅茶色。

71. 梨形马勃 *Lycoperdon pyriforme* Schaeff.

担子菌门 Basidiomycota、蘑菇纲 Agaricomycetes、蘑菇目 Agaricales、蘑菇科 Agaricaceae、马勃属 *Lycoperdon*

形态特征:子实体小,梨形至近球形,不孕基部发达,由白色菌丝束固定于基物上。初期包被色淡,后呈茶褐色至浅烟色,外包被形成微细颗粒状小疣,内部橄榄色,后变为褐色。形状有球形、陀螺形、梨形、扁圆形。子实体内部充满粉末状孢子。

72. 雀斑蘑菇 *Agaricus micromegethus* Peck

担子菌门 Basidiomycota、蘑菇纲 Agaricomycetes、蘑菇目 Agaricales、蘑菇科 Agaricaceae、蘑菇属 *Agaricus*

形态特征：子实体小或中等大。菌盖初期扁半球形，后平展，白色，具浅棕灰色至浅灰褐色纤毛状鳞片，中部色深，老时边缘开裂。菌肉污白色，伤处不变色。菌褶初期污白色，后渐变粉色、紫褐色至黑褐色，稠密，离生，不等长。菌柄圆柱形而向上渐细，基部有时膨大。菌环单层，白色，膜质，生柄之上部，易脱落。

73. 灰鳞蘑菇 *Agaricus moelleri* Wasser

担子菌门 Basidiomycota、蘑菇纲 Agaricomycetes、蘑菇目 Agaricales、蘑菇科 Agaricaceae、蘑菇属 *Agaricus*

形态特征：子实体中等至较大。菌盖初期半球形，后期近平展，中部平或稍凸，表面污白色，具有褐色、黑褐色纤毛状小鳞片，中部鳞片灰褐色，边缘有少量菌幕残物。菌肉白色。菌褶初期灰白色至粉红色，最后变黑褐色，较密，不等长，离生。菌柄圆柱形，污白色，表面平滑或有白色的短细小纤毛，有时基部略膨大，伤变黄色，内部松软。菌环薄膜质，双层，着生于菌柄上部，白色，上面有褶纹，下面有白色短纤毛。

74. 双环林地蘑菇 *Agaricus placomyces* Peck

担子菌门 Basidiomycota、蘑菇纲 Agaricomycetes、蘑菇目 Agaricales、蘑菇科 Agaricaceae、蘑菇属 *Agaricus*

形态特征：菌肉白色，较薄，具有双孢蘑菇气味。菌褶初期近白色，很快变为粉红色，后呈褐色至黑褐色，稠密，离生，不等长。菌柄白色，光滑，内部松软，后变中空，基部稍膨大，伤变淡黄色，后恢复原状。菌环边缘成双层，白色，后渐变为淡黄色，膜质，表面光滑，下面略呈海绵状，生菌柄中上部，干后有时附着在菌柄上，易脱落。

75. 皱盖囊皮伞 *Cystoderma amianthinum* (Scop.) Fayod

担子菌门 Basidiomycota、蘑菇纲 Agaricomycetes、蘑菇目 Agaricales、蘑菇科 Agaricaceae、囊皮伞属 *Cystoderma*

形态特征：子实体小型。菌盖扁半球形至近平展，黄褐色至橙黄色，中部色深，密被颗粒状鳞片和放射皱纹，边缘有菌幕残片。菌肉白色或带黄色。菌褶白色带淡黄色，密，近直生，不等长。菌柄圆柱形，菌环以上白色或带黄色，近光滑，菌环以下同菌盖色，具小疣，内部松软，基部稍膨大。菌环生柄之上部，膜质，易脱落。

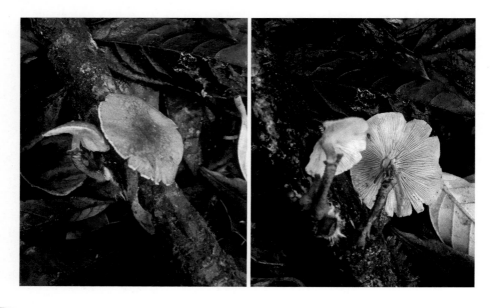

76. 冬菇 *Flammulina velutipes* (Curt.: Fr.) Sing

担子菌门 Basidiomycota、蘑菇纲 Agaricomycetes、蘑菇目 Agaricales、泡头菌科 Physalacriaceae、冬菇属 *Flammulina*

形态特征:菌盖直径幼时扁平球形,后扁平至平展,淡黄褐色至黄褐色,中央色较深,边缘乳黄色并有细条纹,湿时稍黏。菌肉中央厚,边缘薄,白色,柔软。菌褶弯生,白色至米色,稍密,不等长。菌柄顶部黄褐色,下部暗褐色至近黑色,被绒毛。

77. 云南冬菇 *Flammulina yunnanensis* Z. W. Ge & Zhu L. Yang

担子菌门 Basidiomycota、蘑菇纲 Agaricomycetes、蘑菇目 Agaricales、泡头菌科 Physalacriaceae、冬菇属 *Flammulina*

形态特征:担子果丛生,较小。菌盖直径半球形,黄色、蜡黄色至土黄色,中央亮橘黄色至柠檬黄色,表面光滑,湿时黏,边缘具棱纹。菌肉白色,受伤不变色。菌褶弯生至直生,奶油色至黄白色,稀,不等长,不分叉。菌柄长,近圆柱形,向上稍细,上部奶油色至淡黄色,下部与菌盖同色或稍暗,表面被白色细绒毛。

78. 黏小奥德蘑 *Oudemansiella mucida* (Schrad.) Höhn.

担子菌门 Basidiomycota、蘑菇纲 Agaricomycetes、蘑菇目 Agaricales、泡头菌科 Physalacriaceae、小奥德蘑属 *Oudemansiella*

形态特征：子实体中等，白色。菌盖半球形至渐平展，水浸状，黏滑或胶黏，边缘具稀疏而不明显条纹。菌肉白色，软，薄。菌褶白色，略带粉色，直生至弯生，宽，稀，不等长。菌柄白色，圆柱形，基部膨大带灰褐色，纤维质，内实。菌环生柄的上部，白色，膜质。

79. 长根菇 *Oudemansiella radicata* (Relhan) Singer

担子菌门 Basidiomycota、蘑菇纲 Agaricomycetes、蘑菇目 Agaricales、泡头菌科 Physalacriaceae、小奥德蘑属 *Oudemansiella*

形态特征：子实体中等至稍大。菌盖半球形至渐平展，中部凸起或似脐状并有深色辐射状条纹，浅褐色或深褐色至暗褐色，光滑、湿润，黏。菌肉白色，薄。菌褶白色，弯生，较宽，稍密，不等长。菌柄近柱状，浅褐色，近光滑，有纵条纹，往往扭转，表皮脆骨质，内部纤维质且松软，基部稍膨大且延生成假根。

80. 拟黏小奥德蘑 *Oudemansiella submucida* Corner

担子菌门 Basidiomycota、蘑菇纲 Agaricomycetes、蘑菇目 Agaricales、泡头菌科 Physalacriaceae、小奥德蘑属 *Oudemansiella*

形态特征:担子果散生或群生,中等大小。菌盖半球形,后渐平展,白色,表面黏,边缘具短棱纹。菌肉胶质,白色。菌褶直生,白色,宽,稀,不等长。菌柄近圆柱形,基部膨大。柄表浅褐色,被白色鳞片。菌环上位着生,白色,膜质,易脱落。

81. 云南小奥德蘑 *Oudemansiella yunnanensis* Zhu L. Yang & M. Zang

担子菌门 Basidiomycota、蘑菇纲 Agaricomycetes、蘑菇目 Agaricales、泡头菌科 Physalacriaceae、小奥德蘑属 *Oudemansiella*

形态特征:菌盖扁半球形至扁平,白色,胶黏,边缘平滑或有辐射状短条纹。菌肉白色。菌褶直生至弯生,厚,稀疏,有小菌褶。菌柄近圆柱形,白色。菌环易消失。

82. 中华干蘑 *Xerula sinopudens* R. H. Petersen & Nagas.

担子菌门 Basidiomycota、蘑菇纲 Agaricomycetes、蘑菇目 Agaricales、泡头菌科 Physalacriaceae、干蘑属 *Xerula*

形态特征：担子果多单生，较小。菌盖半球状，稍凸起，表面深棕色至暗棕色，被铁锈色绒毛。菌肉白色。菌褶离生，近白色，不等长，稍稀疏。菌柄近圆柱状，黄棕色，内部中空。假根向下渐细。

83. 柳生田头菇 *Agrocybe salicacicola* Zhu L. Yang et al.

担子菌门 Basidiomycota、蘑菇纲 Agaricomycetes、蘑菇目 Agaricales、球盖菇科 Strophariaceae、田头菇属 *Agrocybe*

形态特征：菌盖初期半球形，后呈扁半球形，后渐伸展至扁平，偶尔中部稍下陷，幼时盖缘内卷，后边缘渐平展，成熟时中部米黄色，向盖缘颜色渐浅至白色，表面光滑或中部常龟裂，不黏，无辐射状条纹，菌盖边缘常有菌幕残片。菌肉白色，不变色，较薄，味淡。菌褶延生，稠密，初浅褐色，成熟后灰色。

84. 橘黄裸伞 *Gymnopilus junonius* (Fr.) P. D. Orton

担子菌门 Basidiomycota、蘑菇纲 Agaricomycetes、蘑菇目 Agaricales、球盖菇科 Strophariaceae、裸伞属 *Gymnopilus*

形态特征：子实体中等大。菌盖橙黄色至橘红色，中部有红色细鳞片，初期半球形，后近平展，边缘平滑。菌肉黄色，黄色后变锈色。菌褶稍密。菌柄近柱形，较盖色浅，具毛状鳞片，内部实心，基部稍膨大。

85. 粪生裸盖菇 *Psilocybe coprophila* (Bull.) P. Kumm.

担子菌门 Basidiomycota、蘑菇纲 Agaricomycetes、蘑菇目 Agaricales、球盖菇科 Strophariaceae、裸盖菇属 *Psilocybe*

形态特征：子实体小，褐色。菌盖半球形至扁半球形，初期边缘有白色小鳞片，后变光滑，暗红褐色至灰褐色。菌褶直生，稍稀，宽，污白色、褐色至紫褐色。菌柄柱形，稍弯曲，污白色至暗褐色，菌幕易消失。

86. 毛腿库恩菇 *Kuehneromyces mutabilis* (Schaeff.) Singer & A. H. Sm.

担子菌门 Basidiomycota、蘑菇纲 Agaricomycetes、蘑菇目 Agaricales、球盖菇科 Strophariaceae、库恩菌属 *Kuehneromyces*

形态特征: 子实体一般较小。菌盖扁半球形、凸形,后渐扁平,光滑,湿时呈半透明状,肉桂色,干后呈深蛋壳色,边缘在湿润状态时条纹明显。菌肉白色或带褐色。菌褶直生或稍下延,稍密,薄,宽,初期近白色,后呈锈褐色。菌柄上下等粗,色与菌盖相似,上部色较浅,下部色较深,内部松软,后变中空,菌环以下部分有鳞片。菌环生柄之上部,膜质,与柄同色,易脱落。

87. 虫形珊瑚菌 *Clavaria fragilis* Holmsk.

担子菌门 Basidiomycota、蘑菇纲 Agaricomycetes、蘑菇目 Agaricales、珊瑚菌科 Clavariaceae、珊瑚菌属 *Clavaria*

形态特征：子实体较小，白色，老后变浅黄色，很脆，不分枝，细长圆柱形或长梭形，常稍弯曲，内实，后变中空，顶端尖，后变钝，顶部稍带淡黄色。菌柄不明显。

88. 梭形黄拟锁瑚菌 *Clavulinopsis fusiformis* (Sowerby) Corner

担子菌门 Basidiomycota、蘑菇纲 Agaricomycetes、蘑菇目 Agaricales、珊瑚菌科 Clavariaceae、拟锁瑚菌属 *Clavulinopsis*

形态特征：子实体一般小，细长，近长梭形，数枚生长一起，有时上部稍粗，鲜黄色，光滑，基部稍粗。菌肉黄色，内部实心，后变空心，基部有白色毛。

89. 平盖靴耳 *Crepidotus applanatus* (Pers.) P. Kumm.

担子菌门 Basidiomycota、蘑菇纲 Agaricomycetes、蘑菇目 Agaricales、丝盖伞科 Inocybaceae、靴耳属 *Crepidotus*

形态特征: 子实体小,无菌柄。菌盖半圆形至近扇形,扁平,边缘有时波状,表面湿润、光滑或有时粗糙,白色,变至带褐色或浅土黄色,干时黄白色。菌肉薄,污白色。菌褶从基部放射状生出,密至较密,不等长,白色变至褐色。

90. 毛靴耳 *Crepidotus herbarum* Peck

担子菌门 Basidiomycota、蘑菇纲 Agaricomycetes、蘑菇目 Agaricales、丝盖伞科 Inocybaceae、靴耳属 *Crepidotus*

形态特征: 菌盖贝壳形、扇形、匙形至半球形,幼时白色至奶白色,后变成浅烟褐色或淡锈褐色,近平伏,有绒毛,基部有较长的柔毛,后变光滑或近无毛,边缘内卷,弯曲,湿时菌盖边缘有细条纹,水浸状后半透明,黏。菌肉薄,近膜质,白色。菌柄不明显或很短。菌褶从侧生或偏生的基部辐射而出,菌褶近远离,稍稀,中等宽,不等长,延生,幼时白色,后变为淡锈色、浅赭色或深肉桂色。

91. 软靴耳 *Crepidotus mollis* (Schaeff.) Staude

担子菌门 Basidiomycota、蘑菇纲 Agaricomycetes、蘑菇目 Agaricales、丝盖伞科 Inocybaceae、靴耳属 *Crepidotus*

形态特征：子实体小，半圆形至扇形，水浸后半透明，黏，干后全部纯白色，光滑，基部有毛，初期边缘内卷。菌肉薄。菌褶稍密，从盖至基部辐射而出，延生，初白色，后变为褐色。

92. 硫黄靴耳 *Crepidotus sulphurinus* Imazeki & Toki

担子菌门 Basidiomycota、蘑菇纲 Agaricomycetes、蘑菇目 Agaricales、丝盖伞科 Inocybaceae、靴耳属 *Crepidotus*

形态特征：担子果群生，小型。菌盖扇形至肾形，初期硫黄色，后变为土黄色，盖表密被绒毛。菌肉浅黄色。菌褶直生，初硫黄色至淡黄色，后为褐色，稍稀，不等长。菌柄极短。

93. 刺孢丝盖伞 *Inocybe calospora* Quél.

担子菌门 Basidiomycota、蘑菇纲 Agaricomycetes、蘑菇目 Agaricales、丝盖伞科 Inocybaceae、丝盖伞属 *Inocybe*

形态特征：子实体小。菌盖圆锥形至斗笠状，中部凸起，黄褐色至锈褐色，有褐色鳞片及绒毛，边缘有平伏纤毛，可裂开。菌肉污白黄色，薄。菌褶肉桂色，近离生，密，不等长。菌柄细长，柱形，同盖色，具毛或条纹，基部膨大，纤维质。

94. 白紫丝膜菌 *Cortinarius alboviolaceus* (Pers.) Fr.

担子菌门 Basidiomycota、蘑菇纲 Agaricomycetes、蘑菇目 Agaricales、丝膜菌科 Cortinariaceae、丝膜菌属 *Cortinarius*

形态特征：子实体中等大。菌盖初期半球形至钟形，后期变近平展，中部凸起，成熟后边缘撕裂，表面干，蓝白色或紫色至褐色，初期有灰白色丝毛。菌肉浅紫色。菌褶初期浅紫色，后变褐色，不等长，近直生至近弯生。菌柄细长，近圆柱形，向下渐膨大或稍膨大，同盖色或下部色深，带赭色，柄上部有灰白紫色丝膜。

95. 污褐丝膜菌 *Cortinarius bovinus* Fr.

担子菌门 Basidiomycota、蘑菇纲 Agaricomycetes、蘑菇目 Agaricales、丝膜菌科 Cortinariaceae、丝膜菌属 *Cortinarius*

形态特征：子实体小至中等。菌盖扁半球形，开伞后近平展，中部稍凸起，表面湿润，深褐色至暗栗褐色，具纤维状平伏条纹，干时有丝光，幼时靠近边缘有白色纤维状物。菌肉厚，带浅褐色。菌褶直生又弯生，幼时浅褐色，后变暗褐色至深肉桂色，密至稍稀，宽，边缘平滑或锯齿状，不等长。菌柄稍粗，上部细而下部渐粗，浅褐色至深褐色，有白色丝状条纹，基部膨大近球形。菌柄中部有污白色絮状丝膜，后期消失形成白色环带，菌膜珠网状，常附着孢子呈锈褐色。

96. 黄棕丝膜菌 *Cortinarius cinnamomeus* (L.) Fr.

担子菌门 Basidiomycota、蘑菇纲 Agaricomycetes、蘑菇目 Agaricales、丝膜菌科 Cortinariaceae、丝膜菌属 *Cortinarius*

形态特征：子实体小。菌盖扁半球形，中部钝或稍有凸起，表面干，浅黄褐色，中部色深，密被浅黄褐色小鳞片，老后变平滑至有光泽。菌肉浅橘黄色或稻草黄色，薄。菌褶直生至弯生，密，稍宽，不等长，铬黄色至橘黄色，变至褐色。菌柄圆柱形，或稍弯曲，黄色有褐色纤毛，伤处变暗色，内实至空心，基部带附有黄色菌索。丝膜黄色，纤毛状易消失。

97. 柱柄丝膜菌 *Cortinarius cylindripes* Kauffman

担子菌门 Basidiomycota、蘑菇纲 Agaricomycetes、蘑菇目 Agaricales、丝膜菌科 Cortinariaceae、丝膜菌属 *Cortinarius*

形态特征：子实体一般中等大，菌盖扁半球形，后平展，初期蓝紫色，后渐变为淡锈色，表面平滑，温时很黏。菌肉淡堇紫色。菌褶蓝紫色，后变锈褐色，近直生，稍密。菌柄圆柱形，有堇紫色蛛网状丝膜，内实，基部不膨大。

98. 半被毛丝膜菌 *Cortinarius hemitrichus* (Pers.) Fr.

担子菌门 Basidiomycota、蘑菇纲 Agaricomycetes、蘑菇目 Agaricales、丝膜菌科 Cortinariaceae、丝膜菌属 *Cortinarius*

形态特征：子实体小。菌盖半球形至近平展，被纤毛，褐色至暗褐色，黏。菌肉淡褐色，较薄。菌褶锈色至暗锈色，密，不等长，直生至弯生。菌柄淡紫褐色，圆柱形，丝光，实心。

z

99. 拟荷叶丝膜菌 *Cortinarius pseudodalor* J. E. Lange

担子菌门 Basidiomycota、蘑菇纲 Agaricomycetes、蘑菇目 Agaricales、丝膜菌科 Cortinariaceae、丝膜菌属 *Cortinarius*

形态特征: 子实体一般中等。菌盖幼时近圆锥形或半球形或平展,中部凸起,赭黄色或赭褐色,边缘色浅且具波状条纹,顶部色深,湿时黏。菌肉近白色到污黄色。菌褶褐锈色,弯生,不等长。菌柄白带紫色,中下部有环状花纹,基部变细,实心至松软。

100. 紫丝膜菌 *Cortinarius purpurascens* Fr.

担子菌门 Basidiomycota、蘑菇纲 Agaricomycetes、蘑菇目 Agaricales、丝膜菌科 Cortinariaceae、丝膜菌属 *Cortinarius*

形态特征: 子实体中等至较大。菌盖扁半球形,后渐平展,光滑,黏,带紫褐色或橄榄褐色、茶色,边缘色较淡,有丝膜。菌肉紫色。菌褶弯生,稍密,初期堇紫色,很快变为土黄色至锈褐色。菌柄内实,近圆柱,基部膨大呈臼形,淡堇紫色,后渐变淡。

101. 半血红丝膜菌 *Cortinarius semisanguineus* (Fr.) Gillet

担子菌门 Basidiomycota、蘑菇纲 Agaricomycetes、蘑菇目 Agaricales、丝膜菌科 Cortinariaceae、丝膜菌属 *Cortinarius*

形态特征：菌盖呈棕赭色或琥珀色，且其中央部分颜色较深。起初钟状，后变成中凸状，菌盖表面覆盖着细小的纤维。菌柄通常与菌盖的颜色相同，有时显得较为苍白。菌柄表面较为平滑，且其表面有时候会覆盖着细小的纤维。菌柄呈圆柱状。菌褶连生或波状，间距较小。

102. 亚白紫丝膜菌 *Cortinarius subalboviolaceus* Hongo

担子菌门 Basidiomycota、蘑菇纲 Agaricomycetes、蘑菇目 Agaricales、丝膜菌科 Cortinariaceae、丝膜菌属 *Cortinarius*

形态特征：子实体较小。菌盖扁球形或扁半球形，至近扁平，中部稍高，白色至灰白紫色，湿时稍黏，干时有丝光泽。菌肉污白。菌褶褐黄至褐锈色，直生又弯生，稍稀。菌柄细长而基部渐膨大呈棒状，同盖色或下部带浅黄土色，具丝状纤毛，内实至空心，菌柄上部有丝膜。

103. 黄褐丝膜菌 *Cortinarius tabularis* (Fr.) Fr.

担子菌门 Basidiomycota、蘑菇纲 Agaricomycetes、蘑菇目 Agaricales、丝膜菌科 Cortinariaceae、丝膜菌属 *Cortinarius*

形态特征:子实体中等。菌盖扁半球形至扁平,后平展,土黄色至浅黄褐色,中部色稍深,黏,干时稍皱缩或稍有裂纹,边缘平滑且稍内卷。菌褶灰白色至肉桂色,直生,稍密,不等长。菌柄圆柱形或向下稍粗,白色,内部松软至变空。

104. 黄丝膜菌 *Cortinarius turmalis* Fr.

担子菌门 Basidiomycota、蘑菇纲 Agaricomycetes、蘑菇目 Agaricales、丝膜菌科 Cortinariaceae、丝膜菌属 *Cortinarius*

形态特征:菌盖扁半球形,后扁平,中部钝,湿润时表面黏,干时有光泽,黄色至黄土色,中部厚。菌褶直生又弯生,密,不等长,初期污白色,后土褐色至褐色。菌柄圆柱形或近基部弯曲,污白色,带土黄色,有近白色丝状菌幕,内部实心变至松软。

105. 黄褐盔孢伞 *Galerina helvoliceps* (Berk. & M. A. Curtis) Singer

担子菌门 Basidiomycota、蘑菇纲 Agaricomycetes、蘑菇目 Agaricales、丝膜菌科 Cortinariaceae、盔孢伞属 *Galerina*

形态特征：菌盖半球形至平展，有时中部有乳状突起，表面光滑，米黄色、黄色至赭黄色，湿时边缘有水浸状条纹且内卷，不黏。菌肉薄，白色。菌褶直生、延生或弯生，污黄色、赭黄色或黄褐色。菌柄直或弯曲，中空，有时上部颜色稍浅，污黄色，下部深褐色，基部有白色绒毛。菌环位于菌柄上部，污白色至黄色，膜质，薄。

106. 沟条盔孢伞 *Galerina vittiformis* (Fr.) Earle

担子菌门 Basidiomycota、蘑菇纲 Agaricomycetes、蘑菇目 Agaricales、丝膜菌科 Cortinariaceae、盔孢伞属 *Galerina*

形态特征：菌盖圆锥形、钟形或平展，有时中部具有脐状尖突起，表面黄褐色，光滑，盖面由中心处向四周具有放射性条纹，干时条纹不明显，菌肉薄。菌褶直生，稀，黄褐色。菌柄中生，红褐色，上部表面被微小的同盖色的纤毛，下部暗红褐色，中空。

107. 小假鬼伞 *Coprinellus disseminatus* (Pers.) J. E. Lange

担子菌门 Basidiomycota、蘑菇纲 Agaricomycetes、蘑菇目 Agaricales、小脆柄菇科 Psathyrellaceae、小鬼伞属 *Coprinellus*

形态特征：担子果群生至簇生，小型。菌盖圆锥状至平展，初期乳白色，后期淡黑灰色，表面具明显的沟纹，边缘花边状。菌肉极薄，白色。菌褶离生，幼时白色，老后墨黑色，且出现自溶现象。菌柄圆柱形，白色，表面光滑，内部中空，质脆，易断。

108. 白绒鬼伞 *Coprinopsis lagopus* (Fr.) Redhead, Vilgalys & Moncalvo, in Redhead, Vilgalys, Moncalvo, Johnson & Hopple

担子菌门 Basidiomycota、蘑菇纲 Agaricomycetes、蘑菇目 Agaricales、小脆柄菇科 Psathyrellaceae、鬼伞属 *Coprinopsis*

形态特征：子实体细弱，较小。菌盖初期圆锥形至钟形，后渐平展，薄，初期有白色绒毛，后渐脱落，变为灰色，并有放射状棱纹达菌盖顶部，边缘最后反卷。菌肉白色，膜质。菌褶白色、灰白色至黑色，离生，狭窄，不等长。菌柄细长，白色，质脆，有易脱落的白色绒毛状鳞片，柄中空。

109. 早生小脆柄菇 *Psathyrella gracilis* (Fr.) Quél.

担子菌门 Basidiomycota、蘑菇纲 Agaricomycetes、蘑菇目 Agaricales、小脆柄菇科 Psathyrellaceae、小脆柄菇属 *Psathyrella*

形态特征：菌盖初期半球形至扁半球形，后渐平展，幼时黄色至浅棕色，成熟后深棕色至深褐色，中间颜色深，边缘颜色稍浅，水渍状，干时表面有纵条纹及褶皱。菌肉薄，浅褐色。菌褶密，浅棕色至褐色，离生，不等长，边缘平滑。菌柄圆柱形，具白色纤毛。

110. 喜湿小脆柄菇 *Psathyrella hydrophila* (Bull.) Maire

担子菌门 Basidiomycota、蘑菇纲 Agaricomycetes、蘑菇目 Agaricales、小脆柄菇科 Psathyrellaceae、小脆柄菇属 *Psathyrella*

形态特征：子实体较小，质脆。菌盖呈半球形至扁半球形，中部稍凸起，湿润时水浸状，浅褐色、褐色至暗褐色，干燥时色浅，边缘近平滑或有不明显细条纹，往往盖边沿悬挂有菌幕残片。菌柄稍细长，圆柱形，常稍弯曲，污白色，质脆易断，中生，空心。

111. 灰褐小脆柄菇 *Psathyrella spadiceogrisea* (Schaeff.) Maire

担子菌门 Basidiomycota、蘑菇纲 Agaricomycetes、蘑菇目 Agaricales、小脆柄菇科 Psathyrellaceae、小脆柄菇属 *Psathyrella*

形态特征：子实体很小至中型。菌盖初期半球形至凸镜形，后渐平展，中部略微凸起，幼时表面具白色纤毛状菌幕残留物，后光滑，由边缘至中心 1/2 处具半透明条纹，偶具不明显沟痕，幼时红棕色，渐变浅为灰棕色至淡棕色，湿时表面稍黏，水浸状，干后颜色渐淡。菌肉薄，初期污白色，后淡棕色。菌褶密，直生，初期灰白色，

渐变为淡棕色，后期棕褐色至暗褐色，边缘有时齿状，具白色纤毛。菌柄中生，中空，质地极脆，圆柱形，上下近等粗。起初上部具白色纤毛状菌幕残留物，顶端具白色粉霜状物，后整个菌柄具白色纤毛，初期上部污白色，向下渐变为浅棕色，后期下部深棕色，干时弯曲。

112. 东京胶孔菌 *Favolaschia tonkinensis* (Pat.) Kuntze

担子菌门 Basidiomycota、蘑菇纲 Agaricomycetes、蘑菇目 Agaricales、小菇科 Mycenaceae、胶孔菌属 *Favolaschia*

形态特征：菌盖贝壳状、杯状或肾形，白色，表面光滑，干后灰白色。子实层体孔状，白色，每个子实体具 22 ～ 52 孔，幼时多呈圆形至椭圆形，后常呈多角形，中央孔较大，边缘孔较小。菌柄较短，基部被白色菌丝体。

113. 沟纹小菇 *Mycena abramsii* Murr.

担子菌门 Basidiomycota、蘑菇纲 Agaricomycetes、蘑菇目 Agaricales、小菇科 Mycenaceae、小菇属 *Mycena*

形态特征：子实体小。菌盖半球形至斗笠形或钟形，中部凸起，灰褐色或浅灰粉色，表面平滑或有小鳞片，边缘有明显沟条纹。菌肉白色至灰白色，薄。菌褶灰白色，较稀，稍宽，不等长。菌柄细长，似盖色，上部近白色，下部近灰褐色，光滑，基部有时具有白色菌丝体。

114. 香小菇 *Mycena adonis* (Bull.) Gary

担子菌门 Basidiomycota、蘑菇纲 Agaricomycetes、蘑菇目 Agaricales、小菇科 Mycenaceae、小菇属 *Mycena*

形态特征：菌盖呈浅砖红色，边缘白色。菌褶白色。菌柄白色。

115. 褐色小菇 *Mycena alcalina* (Fr.) P. Kumm.

担子菌门 Basidiomycota、蘑菇纲 Agaricomycetes、蘑菇目 Agaricales、小菇科 Mycenaceae、小菇属 *Mycena*

形态特征：子实体小。菌盖近钟形至斗笠形，表面平滑，带褐色，中部深色而边缘色浅且有细条纹，湿时黏。菌肉白色，较薄。菌褶白色带浅灰色，不等长，近直生。菌柄细长，上部色浅，中下部近似盖色，基部白色有毛，内部空心。

116. 黄鳞小菇 *Mycena auricoma* Har. Takah.

担子菌门 Basidiomycota、蘑菇纲 Agaricomycetes、蘑菇目 Agaricales、小菇科 Mycenaceae、小菇属 *Mycena*

形态特征：菌盖半球形至平展，黄色至褐黄色，边缘色较浅。菌肉薄。菌褶米色至淡黄色。菌柄圆柱形，白色至米色，空心。

117. 盔盖小菇 *Mycena galericulate* (Scop.: Fr.) Gray

担子菌门 Basidiomycota、蘑菇纲 Agaricomycetes、蘑菇目 Agaricales、小菇科 Mycenaceae、小菇属 *Mycena*

形态特征：子实体较小。菌盖钟形或呈盔帽状，边缘稍伸展，表面稍干燥，灰黄色至浅灰褐色，往往出现深色污斑，光滑且有稍明显的细条棱。菌肉白色至污白色，较薄。菌褶直生或稍有延生，较宽，密，不等长，褶间有横脉，初期污白色，后浅灰黄色至带粉肉色，褶缘平滑或钝锯齿状。菌柄细长，圆柱形，污白色，光滑，常弯曲，脆骨质，内部空心，基部有白色绒毛。

118. 血红小菇 Mycena haemtopus (Perr.: Fr.) Quél.

担子菌门 Basidiomycota、蘑菇纲 Agaricomycetes、蘑菇目 Agaricales、小菇科 Mycenaceae、小菇属 Mycena

形态特征：菌盖初为卵形，后变钟形或圆锥形，边缘有条纹，湿时百合色，中部酒红色，干后变褐色。菌肉薄，乳汁血红色。菌柄柱形，直，光滑，软骨质，中空，与菌盖同色，伤后流出血红色汁液。菌褶近直生，白色后变桃色。

119. 粉紫小菇 *Mycena inclinata* (Fr.) Quél.

担子菌门 Basidiomycota、蘑菇纲 Agaricomycetes、蘑菇目 Agaricales、小菇科 Mycenaceae、小菇属 *Mycena*

形态特征：子实体小。菌盖锥形至斗笠形，有时近扁形，中部浅粉褐色，边缘渐变浅且有条纹，表面光滑呈水浸状。菌肉薄。菌褶污白色至带粉红色，近直生，不等长。菌柄细长，多弯曲，上部色浅，向下部黄褐色，基部有白色绒毛。

120. 铅灰色小菇 *Mycena leptocephali* (Pers.) Gillet

担子菌门 Basidiomycota、蘑菇纲 Agaricomycetes、蘑菇目 Agaricales、小菇科
Mycenaceae、小菇属 *Mycena*

形态特征: 子实体小。菌盖钟形或斗笠形，暗灰色或铅灰色，湿时边缘条纹明显。
菌肉污白色。菌褶浅灰色，近直生，稍密。菌柄近柱形而向下渐粗，浅灰色，基
部有绒毛。

121. 叶生小菇 *Mycena metata* (Fr.) P. Kumm.

担子菌门 Basidiomycota、蘑菇纲 Agaricomycetes、蘑菇目 Agaricales、小菇科
Mycenaceae、小菇属 *Mycena*

形态特征: 菌盖圆锥形至钟形，边缘有时上卷，中央具脐突，光滑或具细小纤毛，
边缘具条纹，水浸状，米黄棕色至近红棕色，中央处色深，红棕色或酒红色，向
边缘色渐淡，近边缘处具细小纤毛。菌肉薄，淡棕色，水浸状。菌褶直生至近延生，
黄棕色。菌柄近柱形，同菌盖色或稍淡，光滑，空心。

122. 洁小菇 *Mycena pura* (Pers.) P. Kumm.

担子菌门 Basidiomycota、蘑菇纲 Agaricomycetes、蘑菇目 Agaricales、小菇科 Mycenaceae、小菇属 *Mycena*

形态特征: 子实体小型,带紫色。菌盖扁半球形,后稍伸展,淡紫色或淡紫红色至丁香紫色,湿润,边缘具条纹。菌肉淡紫色,薄。菌褶淡紫色,较密,直生或近弯生,往往褶间具横脉,不等长。菌柄近柱形,同菌盖色或稍淡,光滑,空心,基部往往具绒毛。

123. 粉色小菇 *Mycena rosea* Gramberg

担子菌门 Basidiomycota、蘑菇纲 Agaricomycetes、蘑菇目 Agaricales、小菇科 Mycenaceae、小菇属 *Mycena*

形态特征: 子实体小。菌肉污白色带粉红色。菌褶污白色至粉红色,直生近离生。菌柄柱形,直立,向基部渐粗,白色带粉红色,有小鳞片或绒毛,松软至空心。

124. 鳞皮扇菇 *Panellus stipticus* (Bull.) P. Karst.

担子菌门 Basidiomycota、蘑菇纲 Agaricomycetes、蘑菇目 Agaricales、小菇科 Mycenaceae、扇菇属 *Panellus*

形态特征：担子果群生，小型，质地较韧。菌盖扇形，黄褐色，表面覆盖糠皮状小鳞片。菌肉薄，乳白色至淡黄色。菌褶从基部辐射状生出，褐色，密。菌柄极短，侧生，浅棕色。

125. 安络小皮伞 *Marasmius androsaceus* (L.) Fr.

担子菌门 Basidiomycota、蘑菇纲 Agaricomycetes、蘑菇目 Agaricales、小皮伞科 Marasmiaceae、小皮伞属 *Marasmius*

形态特征：子实体小，菌盖半球形至近平展，中部脐状，具沟条，膜质，光滑，干燥，韧，茶褐色至红褐色，中央色深，很薄。菌褶近白色，稀，长短不一，直生至离生。菌柄细针状，黑褐色或稍浅，平滑，弯曲，中空，软骨质，往往生长在黑褐色至黑色细长的菌索，由于生境温度条件的影响，最长的菌索长达 150cm 以上，极似细铁丝或马鬃。

126. 橙黄小皮伞 *Marasmius aurantiacus* (Murr.) Sing

担子菌门 Basidiomycota、蘑菇纲 Agaricomycetes、蘑菇目 Agaricales、小皮伞科 Marasmiaceae、小皮伞属 *Marasmius*

形态特征：子实体小。菌盖半球形至扁平，老时中部下凹或有皱纹，淡黄色至红黄色，薄，表面干，边缘有沟纹。菌肉薄。菌褶白色，直生又延生或近离生，较稀，不等长。菌柄近柱形，下部色暗或有细绒毛。

127. 美丽小皮伞（参照种）*Marasmius* cf. *bellus* Berk.

担子菌门 Basidiomycota、蘑菇纲 Agaricomycetes、蘑菇目 Agaricales、小皮伞科 Marasmiaceae、小皮伞属 *Marasmius*

形态特征：菌盖半球形至钟形，后平展而具脐凹，膜质，浅黄色至黄白色，干，有绒毛或光滑，边缘整齐，有条纹。菌肉薄，白色。菌褶直生，稀疏，淡黄色。菌柄中生，棒形，上部白色，下部橙色至褐色，被不明显绒毛或光滑，纤维质，空心，非直插入基物，基部菌丝白色，粗。

128. 污黄小皮伞 *Marasmius epidryas* Kühner

担子菌门 Basidiomycota、蘑菇纲 Agaricomycetes、蘑菇目 Agaricales、小皮伞科 Marasmiaceae、小皮伞属 *Marasmius*

形态特征: 子实体小。菌盖半球形,中部稍下凹,后期平展,浅黄白色,中央呈红褐色。菌肉乳黄色,很薄。菌褶浅乳黄色至乳白色,直生。菌柄细长,直立,暗褐色或黑褐色,空心。

129. 叶生小皮伞 *Marasmius epiphyllus* (Pers.) Fr.

担子菌门 Basidiomycota、蘑菇纲 Agaricomycetes、蘑菇目 Agaricales、小皮伞科 Marasmiaceae、小皮伞属 *Marasmius*

形态特征: 菌盖凸镜形或平展,有时中部下陷,白色至乳白色,膜质,具辐射状皱条纹。菌肉纤维质,韧。菌褶稀疏,白色,具分叉,形成脉络。菌柄长发丝状,上部近白色,向下呈浅红褐色。

130. 小鹿色小皮伞 *Marasmius hinnuleus* Berk. & M. A. Curtis

担子菌门 Basidiomycota、蘑菇纲 Agaricomycetes、蘑菇目 Agaricales、小皮伞科 Marasmiaceae、小皮伞属 *Marasmius*

形态特征:菌盖凸镜形、钟形至平展形,中央褐色、暗褐色,边缘橙褐色、黄褐色,条纹明显,无毛。菌褶附生至离生,白色,较稀。菌柄中生,圆柱形,顶端白色,逐渐变为浅褐色、赭色,基部菌丝淡黄色。

131. 大盖小皮伞 *Marasmius maximus* Hongo

担子菌门 Basidiomycota、蘑菇纲 Agaricomycetes、蘑菇目 Agaricales、小皮伞科 Marasmiaceae、小皮伞属 *Marasmius*

形态特征:子实体散生、群生。菌盖初钟形至扁半球形,后平展,中部高隆,表面有放射状沟纹,中部稍皱,淡褐色,中央稍深,干后变白。菌肉薄,皮质。菌褶离生,疏,浅白色。菌柄上下等粗,质坚韧,表面近纤维状,褐色,上部粉状,中实。

132. 硬柄小皮伞 *Marasmius oreades* (Bolton) Fr.

担子菌门 Basidiomycota、蘑菇纲 Agaricomycetes、蘑菇目 Agaricales、小皮伞科 Marasmiaceae、小皮伞属 *Marasmius*

形态特征: 子实体较小。菌盖扁平球形至平展，中部平或稍凸，浅肉色至深土黄色，光滑，边缘平滑或湿时稍显出条纹。菌肉近白色，薄。菌褶白色，宽，稀，离生，不等长。菌柄圆柱形，光滑，内实。

133. 枝干小皮伞 *Marasmius ramealis* (Bull.) Fr.

担子菌门 Basidiomycota、蘑菇纲 Agaricomycetes、蘑菇目 Agaricales、小皮伞科 Marasmiaceae、小皮伞属 *Marasmius*

形态特征: 子实体小。幼时扁半球形，后渐平展，往往中部稍下凹，浅肉色至淡黄褐色，初期边缘内卷，后期有沟条纹。菌肉近白色，薄。菌褶带白色，较稀，近延生，不等长。菌柄细，短，色浅或淡黄肉色，有粉状小鳞片，弯曲，往往下部色暗，基部有绒毛，内部实心。

134. 琥珀小皮伞 *Marasmius siccus* (Schwein.) Fr.

担子菌门 Basidiomycota、蘑菇纲 Agaricomycetes、蘑菇目 Agaricales、小皮伞科 Marasmiaceae、小皮伞属 *Marasmius*

形态特征：子实体小。菌盖扁半球形至近球形，深肉桂色、琥珀色或褐黄色，中部色深，膜质，薄，韧，干，光滑，具通至中部和边缘的长沟条。菌褶污白，稀。菌柄细长，角质，光滑，顶部白黄色，向下渐成烟褐色。

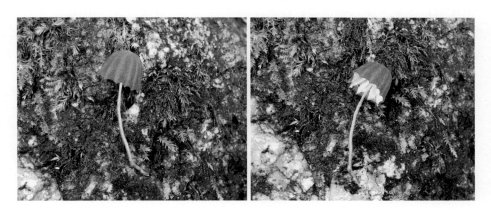

135. 斯托氏小皮伞 *Marasmius staudii* Henn.

担子菌门 Basidiomycota、蘑菇纲 Agaricomycetes、蘑菇目 Agaricales、小皮伞科 Marasmiaceae、小皮伞属 *Marasmius*

形态特征：菌盖钟形至半球形，具深沟纹，膜质至半革质，黄色，干。菌肉薄，白色。菌褶直生，稀疏，较宽，黄色。菌柄圆柱形，纤维质，褐色，近顶端黄色至黄白色，基部有白色菌丝垫。

136. 牛舌菌 *Fistulina hepatica* (Schaeff.) With.

担子菌门 Basidiomycota、蘑菇纲 Agaricomycetes、蘑菇目 Agaricales、牛舌菌科 Fistulinacea、牛舌菌属 *Fistulina*

形态特征：子实体肉质，松软，甚韧，多汁，鲜色、肉红色至红褐色，老熟时暗褐色，半圆形、近圆形至近匙形，从基部至盖缘有放射状深红色花纹，微黏，粗糙。常无柄，生于孔洞中的柄明显。子实层生于菌管内，菌管可各自分离，无共同管壁，密集排列在菌肉下面，管口初近白色，后渐变为红色或淡红色。菌肉淡红色，纵切面有纤维状分叉的深红色花纹，软而多汁。

137. 白蜡蘑 *Laccaria alba* Zhu L. Yang & Lan Wang

担子菌门 Basidiomycota、蘑菇纲 Agaricomycetes、蘑菇目 Agaricales、轴腹菌科 Hydnangium、蜡蘑属 *Laccaria*

形态特征：担子果散生至群生，小型。菌盖平展，中部稍凹陷，白色至近白色，有时稍带粉红色调，边缘具细条纹。菌肉薄。菌褶直生至弯生，浅粉色，较稀疏。菌柄圆柱状，白色至类白色。

138. 双色蜡蘑 *Laccaria bicolor* (Maire) P. D. Orton

担子菌门 Basidiomycota、蘑菇纲 Agaricomycetes、蘑菇目 Agaricales、轴腹菌科 Hydnangium、蜡蘑属 *Laccaria*

形态特征：子实体小。菌盖初期扁半球形，后期稍平展，中部平或稍下凹，边缘内卷，浅赭色或暗粉褐色至皮革褐色，干燥时色变浅，表面平滑或稍粗糙，边沿有条纹。菌肉污白色或浅粉褐色。菌褶浅紫色至暗色，干后色变浅，直生至稍延生，等长，厚，宽，边沿稍呈波状。菌柄细长，柱形，常扭曲，同盖色，具长的条纹和纤毛，带浅紫色，基部稍粗且有淡紫色绒毛，内部松软至变空心。

139. 刺孢蜡蘑 *Laccaria echinospora* (Speg.) Singer

担子菌门 Basidiomycota、蘑菇纲 Agaricomycetes、蘑菇目 Agaricales、轴腹菌科 Hydnangium、蜡蘑属 *Laccaria*

形态特征：子实体甚小。菌盖初期半球形至扁半球形，后扁平，中部下凹，水浸状，光滑或有细微小鳞片，土褐黄色至红褐色，边缘具条纹且十分明显。菌肉同盖色，很薄，膜质。菌褶直生至稍延生，淡肉红色，似有白粉，稀，厚，蜡质。菌柄短，圆柱状或向下膨大，纤维质，同盖色，无色或有条纹，内部实心。

140. 红蜡蘑 *Laccaria laccata* (Scop.) Cooke

担子菌门 Basidiomycota、蘑菇纲 Agaricomycetes、蘑菇目 Agaricales、轴腹菌科 Hydnangium、蜡蘑属 *Laccaria*

形态特征：子实体一般小。菌盖薄，近扁半球形，后渐平展，中央下凹呈脐状，肉红色至淡红褐色，湿润时水浸状，干燥时呈蛋壳色，边缘波状或瓣状并有粗条纹。菌肉粉褐色，薄。菌褶同菌盖色，直生或近延生，稀疏，宽，不等长，附有白色粉末。菌柄同菌盖色，圆柱形或稍扁圆，下部常弯曲，纤维质，内部松软。

141. 酒色蜡蘑 *Laccaria vinaceoavellanea* Hongo

担子菌门 Basidiomycota、蘑菇纲 Agaricomycetes、蘑菇目 Agaricales、轴腹菌科 Hydnangium、蜡蘑属 *Laccaria*

形态特征：子实体肉红色至葡萄酒红色，干后褪为灰白色，菌盖中央下凹的馒头形，边缘有放射状沟纹。菌肉薄，与菌盖表面同色。菌柄上下等径，表面有线条，中实，坚韧。

142. 深红条孢牛肝菌 *Boletellus obscurecoccineus* (Höhn.) Singer

担子菌门 Basidiomycota、蘑菇纲 Agaricomycetes、牛肝菌目 Boletales、牛肝菌科 Boletaceae、条孢牛肝菌属 *Boletellus*

形态特征：菌盖近半球形至平展，粉红色至暗绯红色，成熟时开裂形成小的鳞片。菌盖表面菌丝直立。菌肉淡黄色，伤不变色。菌管黄色至浅黄色，伤不变色。孔口较大，多角形，与菌管同色。菌柄圆柱形，淡红色。

143. 铜色牛肝菌 *Boletus aereus* Bull.

担子菌门 Basidiomycota、蘑菇纲 Agaricomycetes、牛肝菌目 Boletales、牛肝菌科 Boletaceae、牛肝菌属 *Boletus*

形态特征：子实体中等至较大。菌盖半球形至扁半球形，表面灰褐色至深栗褐色或煤烟色，具微细绒毛或光滑，不黏。菌肉近白色，较厚，受伤处有时带红色或淡黄色。菌柄圆柱形，一般上部较细，有时中部或下部膨大，或上下等粗，近似菌盖色或上部色浅，表面有深褐色粗糙网纹，内部实心。

144. 网盖牛肝菌 *Boletus dictyocephalus* Peck

担子菌门 Basidiomycota、蘑菇纲 Agaricomycetes、牛肝菌目 Boletales、牛肝菌科 Boletaceae、牛肝菌属 *Boletus*

形态特征：子实体中等至较大。菌盖半球形至扁半球形，菌盖半球形，表面干燥，淡白色或红褐色、铜黑色，菌盖布满凹凸纹路。菌肉白色，不变色。柄长柱形，基部稍膨大，内实，与菌盖同色。

145. 橙黄牛肝菌 *Boletus laetissimus* Hongo

担子菌门 Basidiomycota、蘑菇纲 Agaricomycetes、牛肝菌目 Boletales、牛肝菌科 Boletaceae、牛肝菌属 *Boletus*

形态特征：菌盖初呈半圆形，中部渐凸，后近平展，盖缘不延长。盖表干燥，不黏，初有毛绒，后期变光滑，褐橘黄色、古铜色、茶褐色、金黄色。成熟后往往有较浅的龟裂。菌盖肉黄色，肉质脆，伤后变色。菌盖缘微下卷，菌孔单孔型。孔口橘黄色，伤后渐变蓝色，变色较慢。菌柄棒状，近等粗，或中部微粗，与盖几乎同色。

146. 黑紫牛肝菌 *Boletus nigerrimus* R. Heim

担子菌门 Basidiomycota、蘑菇纲 Agaricomycetes、牛肝菌目 Boletales、牛肝菌科 Boletaceae、牛肝菌属 *Boletus*

形态特征：菌盖初半球形，后近平展半球形，盖表密被毛绒，干燥，不开裂。黑褐色、棕黑色、褐紫色或棕紫色。盖肉厚，肉质初坚脆，老后呈海绵质，肉近乳白色，伤后近盖表处呈紫色，菌孔单孔型，近柄处贴生或微下延，但不下陷。菌柄粗棒状，近等粗，基部直立或微弯曲，略膨大，有时微延长，近紫褐色，或呈橄榄褐色，有时呈黑褐色，中上部有明显网纹，网眼多狭长，网脊突起，柄基部无网纹，较粗糙，基部近白色，菌丝白色。

147. 紫红牛肝菌 *Boletus purpureus* Pers.

担子菌门 Basidiomycota、蘑菇纲 Agaricomycetes、牛肝菌目 Boletales、牛肝菌科 Boletaceae、牛肝菌属 *Boletus*

形态特征：子实体中等至较大，伤变蓝色。菌盖半球形至扁半球形，紫红色或小豆色，有时褪为浅茶褐色，表面的平伏绒毛往往裂成小斑，不黏。菌肉浅黄色，受伤处变蓝色，肉厚。菌柄近圆柱形，黄色或部分呈紫红色，上部有紫红色网纹，基部膨大，内实。菌管黄色，凹生至近离生，受伤变蓝色。管口红色，后渐变为污黄色或绿黄色。

148. 华金黄牛肝菌 *Boletus sinoaurantiacus* M. Zang & R. H. Petersen

担子菌门 Basidiomycota、蘑菇纲 Agaricomycetes、牛肝菌目 Boletales、牛肝菌科 Boletaceae、牛肝菌属 *Boletus*

形态特征: 菌盖中部微凸,后平展,盖表幼时有黏液层,后平滑,橘黄色、金黄色,色泽明艳。菌盖肉厚,肉黄色,伤后不变色,菌肉有菌香气。菌孔橘黄色、淡黄色,管口近圆形和多角形,孔口小,菌柄长棒状,近等粗,中上部橘黄色,与盖表同色,柄基部白色,柄表无网络,微有麸糠状小粒点,易脱落,后期平滑,菌肉淡黄色,伤后不变色。

149. 华美牛肝菌 *Boletus speciosus* Frost

担子菌门 Basidiomycota、蘑菇纲 Agaricomycetes、牛肝菌目 Boletales、牛肝菌科 Boletaceae、牛肝菌属 *Boletus*

形态特征: 子实体较大。菌盖浅粉肉桂色至浅土黄色,扁半球形至扁平,表皮浅粉肉桂色,至菌肉为浅土黄色,具绒毛。菌肉受伤处变蓝色。菌柄具网纹,上部黄色,下基部近似盖色。菌管层黄绿色,凹生,管口圆形。菌肉受伤处变蓝色,只要被碰到或擦破它就由黄变青,因此得名"见手青"。

150. 宽孢红牛肝菌 *Heimioporus japonicus* (Hongo) E. Horak

担子菌门 Basidiomycota、蘑菇纲 Agaricomycetes、牛肝菌目 Boletales、牛肝菌科 Boletaceae、网孢牛肝菌属 *Heimioporus*

形态特征：菌盖扁平至平展，血红色，湿时胶黏。菌肉淡黄色，伤后迅速变蓝色，之后缓慢恢复至淡黄色。菌管黄色，伤后变蓝色。孔口橘红色至黄色，伤后迅速变蓝色。菌柄近圆柱形，上部细下部粗。

151. 小褐牛肝菌 *Imleria parva* Xue T. Zhu & Zhu L. Yang

担子菌门 Basidiomycota、蘑菇纲 Agaricomycetes、牛肝菌目 Boletales、牛肝菌科 Boletaceae、褐牛肝菌属 *Imleria*

形态特征：菌盖初扁半球形，渐扁平至平展，暗褐色至栗褐色，干时绒状，湿时稍黏，边缘稍延生。菌肉米色至淡黄色，伤后缓慢变淡蓝色。菌柄菌肉污白色至淡褐色。菌管初期米色至淡黄色，成熟后橄榄黄色。

152. 亚高山褐牛肝菌 *Imleria subalpina* Xue T. Zhu & Zhu L. Yang

担子菌门 Basidiomycota、蘑菇纲 Agaricomycetes、牛肝菌目 Boletales、牛肝菌科 Boletaceae、褐牛肝菌属 *Imleria*

形态特征: 菌盖扁半球形,渐扁平至平展,红褐色至暗褐色,湿时稍黏,边缘稍延伸。菌肉米色至黄色,伤后缓慢变淡蓝色。菌管及孔口初期淡黄色至柠檬黄色,成熟后橄榄黄色,伤后缓慢变蓝色。菌柄淡褐色。

153. 美丽褶孔牛肝菌 *Phylloporus bellus* (Massee) Corner

担子菌门 Basidiomycota、蘑菇纲 Agaricomycetes、牛肝菌目 Boletales、牛肝菌科 Boletaceae、褶孔牛肝菌属 *Phylloporus*

形态特征: 子实体较小。菌盖幼时半球形至平展,中部下凹似浅杯状,浅红褐色或赤褐色,稍黏,绒毛状或有小鳞片,边缘内卷或向上翘起。菌肉黄白色,伤处不变色。菌褶鲜黄色或绿黄色,延生或有分叉及横脉。菌柄往往上粗下部变细,浅黄褐色,略偏生,有条纹或绒毛。

154. 鳞盖褶孔牛肝菌 *Phylloporus imbricatus* N. K. Zeng et al.

担子菌门 Basidiomycota、蘑菇纲 Agaricomycetes、牛肝菌目 Boletales、牛肝菌科 Boletaceae、褶孔牛肝菌属 *Phylloporus*

形态特征: 担子果中等至大型。菌盖平展,中部稍下陷,盖表幼时密被黄褐色、褐色、深褐色至红褐色的鳞片,成熟后鳞片向上翘起。菌肉白色至浅黄色,受伤后不变色。菌褶延生,黄色,较稀,具小菌褶,受伤后变蓝,之后缓慢恢复为黄色。菌柄近圆柱形,表面覆盖黄褐色、褐色至褐红色的小鳞片,基部菌丝黄色。菌肉白色至浅黄色,受伤后不变色。

155. 厚囊褶孔牛肝菌 *Phylloporus pachycystidiatus* N. K. Zeng et al.

担子菌门 Basidiomycota、蘑菇纲 Agaricomycetes、牛肝菌目 Boletales、牛肝菌科 Boletaceae、褶孔牛肝菌属 *Phylloporus*

形态特征: 菌盖扁平至平展,被黄褐色至红褐色绒状鳞片。菌肉米色至淡黄色,伤不变色。菌褶延生,稀疏,黄色,伤后变蓝色。菌柄圆柱形,上部黄褐色至红褐色,下部色较浅,基部有白色菌丝。

156. 红黄褶孔牛肝菌 *Phylloporus rhodoxanthus* (Schwein.) Bres.

担子菌门 Basidiomycota、蘑菇纲 Agaricomycetes、牛肝菌目 Boletales、牛肝菌科 Boletaceae、褶孔牛肝菌属 *Phylloporus*

形态特征: 子实体较小。菌盖初期扁半球形,渐平展,中部稍下凹,具细绒毛,土褐色至红褐色,边缘渐薄,有时上翘。菌肉中部厚,近表皮下带粉红色,伤处变青绿色、青蓝色。菌柄较细,颜色较菌盖浅,有纤毛状鳞片,圆柱形,有时基部稍有膨大。内部实心至松软。菌褶黄色,稍宽,不等长,延生,褶间有横脉相连呈网状,伤处变青绿色。

157. 红鳞褶孔牛肝菌 *Phylloporus rubrosquamosus* N. K. Zeng et al.

担子菌门 Basidiomycota、蘑菇纲 Agaricomycetes、牛肝菌目 Boletales、牛肝菌科 Boletaceae、褶孔牛肝菌属 *Phylloporus*

形态特征: 菌盖褐红色至浅红色,子实层体表面和菌肉受伤后先变蓝绿色,再变红色,最后变为黑色,菌柄表面覆盖有红色至浅红色的鳞片,基部菌丝白色。

158. 云南褶孔牛肝菌 *Phylloporus yunnanensis* N. K. Zeng, Zhu L. Yang & L. P. Tang

担子菌门 Basidiomycota、蘑菇纲 Agaricomycetes、牛肝菌目 Boletales、牛肝菌科 Boletaceae、褶孔牛肝菌属 *Phylloporus*

形态特征：担子果单生，小型至中等。菌盖平展至中部稍下陷，盖表密被黄褐色至红褐色的鳞片。菌肉奶油色至浅黄色，受伤不变色。菌褶延生，黄色，较稀，具小菌褶。受伤后变蓝，之后缓慢恢复为黄色。菌柄近圆柱形，表面被黄褐色至红褐色的鳞片，基部菌丝黄色。

159. 褐糙粉末牛肝菌 *Pulveroboletus brunneoscabrosus* Har. Takah.

担子菌门 Basidiomycota、蘑菇纲 Agaricomycetes、牛肝菌目 Boletales、牛肝菌科 Boletaceae、粉末牛肝菌属 *Pulveroboletus*

形态特征：菌盖初期半球形，后平展，干，湿时稍黏，附有柠檬黄色、黄褐色至褐色的粉末状物质，常开裂形成不规则的鳞片状，初期有丝状菌幕存在，成熟后菌盖边缘有黄色菌幕残余悬挂。菌肉厚，淡黄色，伤后变蓝色。

160. 黄粉牛肝菌 *Pulveroboletus ravenelii* (Berk. & M. A. Curtis) Murrill

担子菌门 Basidiomycota、蘑菇纲 Agaricomycetes、牛肝菌目 Boletales、牛肝菌科 Boletaceae、粉末牛肝菌属 *Pulveroboletus*

形态特征：菌盖湿润时稍黏，表面有一层柠檬黄色粉末，易脱落。菌肉白色，受伤时变浅蓝色。菌管浅黄色，伤后暗褐色，管口多角形。菌柄近圆柱形，实心，近上部有珠网状菌环，易消失。

161. 混淆松塔牛肝菌 *Strobilomyces confusus* Singer

担子菌门 Basidiomycota、蘑菇纲 Agaricomycetes、牛肝菌目 Boletales、牛肝菌科 Boletaceae、松塔牛肝菌属 *Strobilomyces*

形态特征：子实体小或中等大。菌盖扁半球形，老后中部平展，茶褐色至黑色，具小块贴生鳞片，中部的鳞片较密，且直立而较尖。菌肉白色，受伤后变红色。菌管灰白色至灰色变为浅黑色，直生至稍延生，在柄四周稍凹陷，管口多角形。

162. 松塔牛肝菌 *Strobilomyces strobilaceus* (Scop.) Berk.

担子菌门 Basidiomycota、蘑菇纲 Agaricomycetes、牛肝菌目 Boletales、牛肝菌科 Boletaceae、松塔牛肝菌属 *Strobilomyces*

形态特征：子实体中等至较大。菌盖初半球形，后平展，黑褐色至黑色或紫褐色，表面有粗糙的毡毛状鳞片或疣，直立，由反卷或角锥形菌幕盖着，后菌幕脱落残留在菌盖边缘，直生或稍延生，污白色或灰色，后渐变褐色或淡黑色，管口多角形，与菌管同色。柄与菌盖同色，上下略等粗或基部稍膨大，顶端有网棱。下部有鳞片和绒毛。

163. 远东疣柄牛肝菌 *Leccinum extremiorientale* (Lj. N. Vassiljeva) Singer

担子菌门 Basidiomycota、蘑菇纲 Agaricomycetes、牛肝菌目 Boletales、牛肝菌科 Boletaceae、疣柄牛肝菌属 *Leccinum*

形态特征：菌盖幼时近球盖形，盖缘紧贴菌柄，后扁半球形至垫状，杏黄色、土黄色、棕黄色，肉质，被绒毛，气候干燥时表皮易龟裂，特别是盖缘部分更为显著。菌肉初期致密，老后松软，色白，但在菌管上方呈黄色，切面变粉红色。菌管橙黄色，老后橄榄黄色，于菌柄周围凹陷。管孔与菌管同色，圆柱形，杏黄色、褐黄色或深褐色，有赭色小鳞片。

164. 苦粉孢牛肝菌 *Tylopilus felleus* (Bull.) P. Karst.

担子菌门 Basidiomycota、蘑菇纲 Agaricomycetes、牛肝菌目 Boletales、牛肝菌科
Boletaceae、粉孢牛肝菌属 *Tylopilus*

形态特征：子实体较大。菌盖褐色为主，扁半球形，后平展，豆沙色、浅褐色、朽
叶色或灰紫褐色，幼时具绒毛，老后近光滑。菌肉白色，伤变不明显，味很苦。
菌管层近凹生。管口之间不易分离。菌柄较粗壮，基部略膨大，上部色浅，下部
深褐色，有明显或不很明显的网纹，内部实心。

165. 铅紫粉孢牛肝菌 *Tylopilus plumbeoviolaceus* (Snell & E. A. Dick) Snell & E. A. Dick

担子菌门 Basidiomycota、担子菌纲 Basidiomycetes、牛肝菌目 Boletales、牛肝菌科
Boletaceae、粉孢牛肝菌属 *Tylopilus*

形态特征：子实体中等至较大。菌盖半球形，后渐平展，幼时紫色，渐呈紫褐色。菌肉白色，伤不变色，有苦味。菌管弯生，管初白色，后呈淡紫色。柄紫色或紫褐色，上部色较淡，有光泽，顶端有极细的颗粒或偶有网纹，下部稍膨大。

166. 粗壮粉孢牛肝菌 *Tylopilus valens* (Corner) Hongo & Nagas.

担子菌门 Basidiomycota、蘑菇纲 Agaricomycetes、牛肝菌目 Boletales、牛肝菌科 Boletaceae、粉孢牛肝菌属 *Tylopilus*

形态特征：菌盖肉质，凸起至平展，表面灰色、灰褐色，干至黏，近柄处菌肉厚，白色，伤后不变色。菌孔圆形，表面灰白色、白色至淡粉红色，近柄处稍下凹，离生至近直生，菌孔表面灰白色，伤变灰褐色。菌柄中生，圆柱状，上下近等粗或向基部略膨大，顶端有菌管下延形成的棱纹，表面灰白色至白色，有明显的灰褐色网纹，伤后变褐色，基部有白色菌丝。菌柄菌肉白色，伤不变色。

167. 淡棕绒盖牛肝菌 *Xerocomus alutaceus* (Morgan) E. A. Dick & Snell

担子菌门 Basidiomycota、蘑菇纲 Agaricomycetes、牛肝菌目 Boletales、牛肝菌科 Boletaceae、绒盖牛肝菌属 *Xerocomus*

形态特征：子实体较小。菌盖扁半球形至近扁平，顶部稍凸起，粉黄红色、粉红色或粉褐色，表面被细绒毛，干时边缘开裂。菌肉白色或带粉色，伤处不变色，较厚。菌管层黄绿色，近离生，伤处不变色。菌柄柱形，浅黄褐色，上部有网络，中下部光滑，黄褐色，内实。

168. 褐绒盖牛肝菌 *Xerocomus badius* (Fr.) E.-J. Gilbert

担子菌门 Basidiomycota、蘑菇纲 Agaricomycetes、牛肝菌目 Boletales、牛肝菌科 Boletaceae、绒盖牛肝菌属 *Xerocomus*

形态特征：子实体一般中等大。菌盖表面褐色，具细绒毛，受伤后变蓝色，直扁半球形，后期近平展，褐色且中部色深，呈酱色或茶褐色，湿时黏，被细绒毛。菌肉白色至黄白色。菌柄圆柱形，稍弯曲，淡黄褐色，上部色浅。

169. 肝褐绒盖牛肝菌 *Xerocomus cheoi* (W. F. Chiu) F. L. Tai

担子菌门 Basidiomycota、蘑菇纲 Agaricomycetes、牛肝菌目 Boletales、牛肝菌科 Boletaceae、绒盖牛肝菌属 *Xerocomus*

形态特征:菌盖扁半球形至平展,初期肝褐色,后期肉桂褐色,被深褐色丝状鳞片。菌肉污白色,伤后变淡褐色或淡红色。菌管及孔口黄色,伤后变蓝色。菌柄圆柱形,污白色至淡褐色,光滑。

170. 拟绒盖牛肝菌 *Xerocomus illudens* (Peck) Singer

担子菌门 Basidiomycota、蘑菇纲 Agaricomycetes、牛肝菌目 Boletales、牛肝菌科 Boletaceae、绒盖牛肝菌属 *Xerocomus*

形态特征:子实体中等大。菌盖直半球形,有时平展或扁平,暗褐色或淡黄褐色,有绒毛,干燥,老后常近光滑。菌肉乳白色到带淡黄色,致密,伤不变蓝色。菌管乳黄色或土黄色,直生或延生。管口同色,角形或近圆形。菌柄上下略等粗,网纹鼓起,似蜂巢状,有时几乎延伸至基部,土黄色,内实。

171. 细绒盖牛肝菌 *Xerocomus parvulus* Hongo

担子菌门 Basidiomycota、蘑菇纲 Agaricomycetes、牛肝菌目 Boletales、牛肝菌科 Boletaceae、绒盖牛肝菌属 *Xerocomus*

形态特征：子实体小。菌盖扁半球形或扁平或平展，污黄土色或稍浅，边缘往往呈淡褐色，伤处变浅青蓝色，稍厚。菌柄上部污白黄色，稍带红色，中下部呈黄褐色，伤处变青蓝色，内部实心。菌管层黄色，直生至弯生，管口角形，大。

172. 细粉绒盖牛肝菌 *Xerocomus pulverulentus* (Opat.) Gilb.

担子菌门 Basidiomycota、蘑菇纲 Agaricomycetes、牛肝菌目 Boletales、牛肝菌科 Boletaceae、绒盖牛肝菌属 *Xerocomus*

形态特征：子实体中等至稍大。菌盖土红褐色、暗淡红褐色或暗褐色，有绒毛，不黏。菌肉黄，致密，伤后变蓝色。菌管黄色，后变淡绿黄色，直生或在柄周围凹陷。菌柄上部黄褐色，下部褐色，顶端有细条纹，全部黄褐色，下部褐色，顶端有细条纹，全部有细点，内实，圆柱形，上下略等粗或基部稍膨大。

173. 紫红绒盖牛肝菌 *Xerocomus puniceus* (Chiu) Tai

担子菌门 Basidiomycota、蘑菇纲 Agaricomycetes、牛肝菌目 Boletales、牛肝菌科 Boletaceae、绒盖牛肝菌属 *Xerocomus*

形态特征: 子实体一般较小。菌盖直径近平展，表面玫瑰红色，被有细绒毛。菌肉白色，厚，靠菌管层带黄色，伤处不变色。管口大，同菌管色，圆形或多角形。菌柄近柱形，上部渐细，同盖色，有密集的丝状物和小绒毛，内部实心。

174. 血红拟绒盖牛肝菌 *Xerocomellus rubellus* (Krombh.) Sutara

担子菌门 Basidiomycota、蘑菇纲 Agaricomycetes、牛肝菌目 Boletales、牛肝菌科 Boletaceae、小绒盖牛肝菌属 *Xerocomellus*

形态特征: 菌盖直径凸起至近平展，表面红褐色至紫红褐色，绒质感。菌肉白色至淡黄色，伤变蓝色，近柄处厚。菌管黄色，伤变蓝色，管口小，圆形至角形。菌柄上下近等粗或向下稍变细，表面颜色与菌盖相同，基部颜色稍呈黑褐色，有明显的纵条纹。菌肉白色至淡黄色，伤变蓝色，基部菌肉具有红色小点，基部菌丝白色。

175. 云南绒盖牛肝菌 *Xerocomus yunnanensis* (W. F. Chiu) F. L. Tai

担子菌门 Basidiomycota、蘑菇纲 Agaricomycetes、牛肝菌目 Boletales、牛肝菌科 Boletaceae、小绒盖牛肝菌属 *Xerocomellus*

形态特征: 菌盖扁半球形至平展,不黏,褐色,具绒状鳞片。菌肉淡黄色,伤不变色。菌管及孔口柠檬黄色,伤不变色。菌柄圆柱形,污白色,有纵纹,基部稍膨大,菌柄菌肉白色,伤不变色。

176. 褐圆孔牛肝菌 *Gyroporus castaneus* (Bull.) Quél.

担子菌门 Basidiomycota、蘑菇纲 Agaricomycetes、牛肝菌目 Boletales、牛肝菌科 Boletaceae、圆孔牛肝菌属 *Gyroporus*

形态特征: 菌盖初呈半圆形,后期平展,盖缘不下卷,而被向上翘起的菌管所包围。盖表密被毛绒,茶褐色、黑褐色,盖中央尤为深黑,盖缘有时色泽较淡,呈土黄褐色。

盖肉厚，初呈黄色、黄褐色。伤后变色不明显而缓慢，后呈蓝褐色、黑褐色。菌管茶褐色、黑褐色，后呈黑色，管孔多角形。菌柄棒状，近等粗，基部微膨大，深咖啡色，柄表有较模糊的网纹，或有麸糠状鳞片或绒毛，往往组成稀疏不等的斑块。

177. 辣牛肝菌 *Chalciporus piperatus* (Bull.) Bataille

担子菌门 Basidiomycota、蘑菇纲 Agaricomycetes、牛肝菌目 Boletales、牛肝菌科 Boletaceae、辣牛肝菌属 *Chalciporus*

形态特征：子实体中等大。菌盖扁半球形至近扁平，幼时边缘内卷，表面稍干燥光滑或有时具鳞片，黄褐色或红褐色，中部色暗。菌肉稍厚，浅黄色，有辣味。菌管直生稍延生，黄色至赫黄色，变带红色，管口角形，黄色变红色至砖红色。

178. 烟褐红牛肝菌 *Porphyrellus holophaeus* (Corner) Y. C. Li & Zhu L. Yang

担子菌门 Basidiomycota、蘑菇纲 Agaricomycetes、牛肝菌目 Boletales、牛肝菌科 Boletaceae、红孢牛肝菌属 *Porphyrellus*

形态特征：担子果单生，中等至较大。菌盖扁半球形至近平展，烟黑色至墨黑色，有时微带暗紫色调，表面具微绒毛状鳞片。菌管在菌柄周围下陷，管口与菌管同色，成熟时黑粉色。菌柄与菌盖同色，顶部具明显的网纹，基部菌丝黑色。菌肉白色至灰白色，受伤后快速变为紫红色，再变为黑色。

179. 亚洲小牛肝菌 *Boletinus asiaticus* Singer

担子菌门 Basidiomycota、蘑菇纲 Agaricomycetes、牛肝菌目 Boletales、乳牛肝菌科 Suillaceae、小牛肝菌属 *Boletinus*

形态特征: 菌盖平展, 呈垫状, 菌盖表面干, 有小绒毛, 有时龟裂。黄色、绿黄色。老后橄榄褐色。菌肉黄色, 菌肉有香味。菌管贴生而近下延, 柠檬黄色, 具有单孔和复孔。菌柄等粗, 基部臼型, 有清晰的网络。

180. 铜绿乳牛肝菌 *Suillus aeruginascens* Secr. ex Snell

担子菌门 Basidiomycota、蘑菇纲 Agaricomycetes、牛肝菌目 Boletales、乳牛肝菌科 Suillaceae、乳牛肝菌属 *Suillus*

形态特征：菌盖半球形、凹形，后张开，污白色、乳酪色、黄褐色或淡褐色，黏，常有细皱。菌肉淡白色至淡黄色，伤变色不明显或微变蓝色。菌管污白色或藕色。管口大，角形或略呈辐射状，复式，直生至近延生，伤微变蓝色。柄长柱形或基部稍膨大，弯曲，与菌盖同色或呈淡白色，粗糙，顶端有网纹，内菌幕很薄。

181. 短柄黏盖牛肝菌 *Suillus brevipes* (Peck) Kuntze

担子菌门 Basidiomycota、蘑菇纲 Agaricomycetes、牛肝菌目 Boletales、乳牛肝菌科 Suillaceae、乳牛肝菌属 *Suillus*

形态特征：菌肉幼时白色，渐变淡黄色，伤不变色。菌管直生至延生，淡白色至黄白色。菌柄短粗，内实，淡黄白色，后变淡黄色，顶端有腺点。

182. 虎皮乳牛肝菌 *Suillus spraguei* (Berk. & M. A. Curtis) Kuntze

担子菌门 Basidiomycota、蘑菇纲 Agaricomycetes、牛肝菌目 Boletales、乳牛肝菌科 Suillaceae、乳牛肝菌属 *Suillus*

形态特征: 担子果单生至群生，中等至大型。菌盖平展或稍上翘，密被绒毛状鳞片，幼时玫红色至棕黄色，成熟后颜色稍浅。菌肉浅黄色至黄白色，受伤后变色现象不一，迅速或缓慢变酒红色或先变蓝色，再缓慢变红色。菌管延生，幼时乳黄色，成熟时黄褐色，受伤后变红色或褐色。管口复式、较大，与菌管同色，管口腺点明显、褐色。菌柄玫红色至棕黄色。

183. 马勃状硬皮马勃 *Scleroderma areolatum* Ehrenb.

担子菌门 Basidiomycota、蘑菇纲 Agaricomycetes、牛肝菌目 Boletales、硬皮马勃科 Sclerodermataceae、硬皮马勃属 *Scleroderma*

形态特征: 子实体小。扁半球形，下部平，有长短不一的柄状基部，其下开散成许多菌丝束，包皮薄，浅土黄色，其上有细小暗褐色、紧贴的鳞片，顶端不规则开裂。

184. 黄硬皮马勃 *Scleroderma flavidum* Ellis & Everh.

担子菌门 Basidiomycota、蘑菇纲 Agaricomycetes、牛肝菌目 Boletales、硬皮马勃科 Sclerodermataceae、硬皮马勃属 *Scleroderma*

形态特征：子实体中等大。扁圆球形，佛手黄色或杏黄色，后渐为黄褐色至深青黄灰色，有深色小斑片和紧贴的小鳞片，成熟时呈不规则裂片，无柄或基部似柄状，由一团黄色的菌索固着于地上。

185. 黑木耳 *Auricularia auricula* (L. ex Hook.) Underw

担子菌门 Basidiomycota、蘑菇纲 Agaricomycetes、木耳目 Auriculariales、木耳科 Auriculariaceae、木耳属 *Auricularia*

形态特征: 木耳子实体薄而有弹性,胶质,半透明,中凹,常常呈耳状或环状,渐变为叶状。基部狭窄成耳根,表面光滑,或有脉络状的皱纹。干后强烈收缩,上表面子实层变为深褐色至近黑色,下表面呈暗灰褐色,布满极短的绒毛。

186. 皱木耳 *Auricularia delicata* (Fr.) Henn

担子菌门 Basidiomycota、蘑菇纲 Agaricomycetes、木耳目 Auriculariales、木耳科 Auriculariaceae、木耳属 *Auricularia*

形态特征: 子实体一般较小,胶质,耳形或圆盘形,无柄。子实层生里面,淡红褐色,有白色粉末,有明显皱褶并形成网格,外面稍皱,红褐色。

187. 褐黄木耳 *Auricularia fuscosuccinea* (Mont.) Henn.

担子菌门 Basidiomycota、蘑菇纲 Agaricomycetes、
木耳目 Auriculariales、木耳科 Auriculariaceae、木
耳属 *Auricularia*

形态特征：子实体一般较小，平伏耳片状，胶质
至角质，暗褐色、红褐色、琥珀褐色，有的粉色，
薄而透明。背面被绒毛，污白色至淡黄褐色。

188. 毛木耳 *Auricularia polytricha* (Mont.) Sacc.

担子菌门 Basidiomycota、蘑菇纲 Agaricomycetes、木耳目 Auriculariales、木耳科
Auriculariaceae、木耳属 *Auricularia*

形态特征：毛木耳子实体胶质，浅圆盘形，或呈不规则形。有明显基部，无柄，基
部稍皱，新鲜时软，干后收缩。子实层生里面，平滑或稍有皱纹，紫灰色，后变黑色。
外面有较长绒毛，无色，仅基部褐色。常成束生长。

189. 鸡油菌 *Cantharellus cibarius* Fr.

担子菌门 Basidiomycota、蘑菇纲 Agaricomycetes、鸡油菌目 Cantharellales、鸡油菌科 Cantharellaceae、鸡油菌属 *Cantharellus*

形态特征：子实体肉质，喇叭形，杏黄色至蛋黄色，菌盖最初扁平，后下凹。边缘伸展，波状或瓣状，内卷。菌肉蛋黄色，稍厚。菌褶棱状，窄，向下延生至柄部，分叉或有横脉相连交织成网状。菌柄圆柱形，基部有时稍大或稍细，与菌盖同色或稍浅，光滑，内实。

190. 云南鸡油菌 *Cantharellus yunnanensis* W. F. Chiu

担子菌门 Basidiomycota、蘑菇纲 Agaricomycetes、鸡油菌目 Cantharellales、鸡油菌科 Cantharellaceae、鸡油菌属 *Cantharellus*

形态特征：菌盖中部微下凹，有微细绒毛，边缘波状内卷。菌肉白色。菌褶白色，后来变淡黄色，厚而窄，双分叉，稀，延生。菌柄有不规则的小沟槽，向下渐细，白色，有纤维状条纹。

191. 灰喇叭菌 *Craterellus cornucopioides* (L.) Pers.

担子菌门 Basidiomycota、蘑菇纲 Agaricomycetes、鸡油菌目 Cantharellales、鸡油菌科 Cantharellaceae、喇叭菌属 *Craterellus*

形态特征:子实体小至中等,呈喇叭形或号角形,全体灰褐色至灰黑色,半膜质,薄。菌盖中部凹陷很深,表面有细小鳞片,边缘波状或不规则形向内卷曲。子实层淡灰紫色,平滑,或稍有皱纹。

192. 冠锁瑚菌 *Clavulina coralloides* (L.) J. Schröt.

担子菌门 Basidiomycota、蘑菇纲 Agaricomycetes、鸡油菌目 Cantharellales、锁瑚菌科 Clavulinaceae、锁瑚菌属 *Clavulina*

形态特征:子实体较小,多分枝,白色或灰白色或淡粉红色,枝之顶端有一丛密集、细尖的小枝。菌肉白色,内实。

193. 皱锁瑚菌 *Clavulina rugosa* (Bull.) J. Schröet.

担子菌门 Basidiomycota、蘑菇纲 Agaricomycetes、鸡油菌目 Cantharellales、锁瑚菌科 Clavulinaceae、锁瑚菌属 *Clavulina*

形态特征: 子实体不分枝，或有极少不规则的分枝，常呈鹿角状，平滑或有皱纹，白色，干后谷黄色。菌肉白色，内实。

194. 白齿菌 *Hydnum repandum* L.: Fr. var. *album* (Quél.) Rea

担子菌门 Basidiomycota、蘑菇纲 Agaricomycetes、鸡油菌目 Cantharellales、齿菌科 Hydnaceae、齿菌属 *Hydnum*

形态特征: 子实体小，白色至乳白色，菌盖扁半球形至近平展，中部稍下凹，边缘内卷。菌肉白色，刺白色延生。菌柄圆柱形，中空。

195. 肉桂集毛孔菌 *Coltricia cinnamomea* (Jacq.) Murrill

担子菌门 Basidiomycota、蘑菇纲 Agaricomycetes、锈革菌目 Hymenochaetales、锈革菌科 Hymenochaetaceae、集毛孔菌属 *Coltricia*

形态特征: 菌盖近似圆形,平至漏斗状,表面褐色至深红褐色,有不明显的同心环纹,被短绒毛,边缘薄,尖锐,有时候撕裂,干燥后反卷。孔口表面浅黄褐色、锈褐色至深褐色,不育边缘明显,金黄色。孔口多角形,孔口边缘薄壁,全缘或轻微撕裂。菌肉锈褐色,柔软韧革质。菌柄中生。

196. 针毡锈革菌 *Hymenochaete corrugata* (Fr.) Lév.

担子菌门 Basidiomycota、蘑菇纲 Agaricomycetes、锈革菌目 Hymenochaetales、锈革菌科 Hymenochaetaceae、锈革菌属 *Hymenochaete*

形态特征: 子实体一年生,平伏,不易与基物剥离,木栓质。子实层体白褐色至锈褐色,不规则开裂。不育边缘初期明显,毛刷状,颜色较子实层体浅,灰白色。

197. 薄壳纤孔菌 *Inonotus cuticularis* (Bull.) P. Karst.

担子菌门 Basidiomycota、蘑菇纲 Agaricomycetes、锈革菌目 Hymenochaetales、锈革菌科 Hymenochaetaceae、纤孔菌属 *Inonotus*

形态特征：子实体一般较大，软肉质，干后硬，无柄。菌盖半圆形或扇形，基部狭窄，常呈覆瓦状着生，有时左右相连，琥珀褐色至栗色，有粗绒毛，渐变为纤毛状或近光滑，往往有环带，盖边缘暗灰色，薄锐，常内卷。菌肉近似盖色，纤维质。菌管初期近白色，后变至菌盖色，管壁薄而渐裂为齿状，有少数刚毛，呈褐色，多角形、锥形。

198. 桑黄纤孔菌 *Inonotus sanghuang* Sheng H. Wu et al.

担子菌门 Basidiomycota、蘑菇纲 Agaricomycetes、锈革菌目 Hymenochaetales、锈革菌科 Hymenochaetaceae、纤孔菌属 *Inonotus*

形态特征：子实体为担子果，均具菌盖，其呈不规则圆形或半圆形，菌盖比菌肉色深，为暗棕色、深褐色至灰黑色，新鲜时为木栓质，成熟衰老后为硬木质。菌盖相对的孔口表面蛋黄色至深棕色，菌肉同质或异质。

199. 侧柄木层孔菌 *Phellinus discipes* (Berk.) Ryvarden

担子菌门 Basidiomycota、蘑菇纲 Agaricomycetes、锈革菌目 Hymenochaetales、锈革菌科 Hymenochaetaceae、木层孔菌属 *Phellinus*

形态特征：子实体一至二年生，具侧生短柄，覆瓦状叠生，革质至木栓质。菌盖半圆形，表面锈褐色至暗红色，具同心环带或环沟，边缘锐，黄褐色，有时叶状开裂，干后内卷。

200. 淡黄木层孔菌 *Phellinus gilvus* (Schwein.) Pat.

担子菌门 Basidiomycota、蘑菇纲 Agaricomycetes、锈革菌目 Hymenochaetales、锈革菌科 Hymenochaetaceae、木层孔菌属 *Phellinus*

形态特征：子实体中等大，木栓质，无菌柄。菌盖平伏而反卷，半圆形，覆瓦状，锈褐色、浅朽叶色至浅栗色，无环带，有粗毛或粗糙。菌盖边缘薄锐，常呈黄色。菌肉浅锈黄色至锈褐色。菌管管口咖啡色至浅烟色，刚毛多，褐色，锥形。

201. 火木层孔菌 *Phellinus igniarius* (L.) Quél.

担子菌门 Basidiomycota、蘑菇纲 Agaricomycetes、锈革菌目 Hymenochaetales、锈革菌科 Hymenochaetaceae、木层孔菌属 *Phellinus*

形态特征：子实体中等至较大。马蹄形至扁半球形，木质，硬。菌盖初期有细行，浅褐色，以后光滑，变暗灰黑色或黑色，老时龟裂，无皮壳，有同心环棱，边缘钝圆，浅咖啡色，下侧无子实层。菌肉深咖啡色，硬木质。管孔多层，与菌肉同色，老的菌管中充满白色菌丝，管孔面锈褐色，圆形。

202. 黑壳木层孔菌 *Phellinus rhabarbarinus* (Berk.) G. Cunn.

担子菌门 Basidiomycota、蘑菇纲 Agaricomycetes、锈革菌目 Hymenochaetales、锈革菌科 Hymenochaetaceae、木层孔菌属 *Phellinus*

形态特征：子实体多年生，覆瓦状叠生，木栓质。菌盖贝壳形，表面浅黄褐色、灰褐色或黑色，具同心环沟和环纹，边缘钝厚，全缘。孔口表面污褐色至浅栗褐色，无折光反应，圆形。

203. 茶褐木层孔菌 *Phellinus umbrinellus* (Bres.) Ryvarden

担子菌门 Basidiomycota、蘑菇纲 Agaricomycetes、锈革菌目 Hymenochaetales、锈革菌科 Hymenochaetaceae、木层孔菌属 *Phellinus*

形态特征：子实体多年生，平伏，不易与基物剥离，木栓质。孔口表面新鲜时暗褐色，干后黑褐色，略具折光反应，多角形至扭曲状。菌盖边缘薄，全缘至撕裂状，不育边缘明显。菌肉暗褐色。

204. 瓦伯木层孔菌 *Phellinus wahlbergii* (Fr.) D. A. Reid

担子菌门 Basidiomycota、蘑菇纲 Agaricomycetes、锈革菌目 Hymenochaetales、锈革菌科 Hymenochaetaceae、木层孔菌属 *Phellinus*

形态特征：子实体多年生，覆瓦状叠生，木栓质。菌盖半圆形，表面新鲜时黄褐色至暗褐色，干后黑色，具同心环沟和环纹，边缘钝，厚，全缘。菌孔表面栗褐色，无折光反应，圆形。

205. 平伏拟木层孔菌 *Phellinopsis resupinata* L. W. Zhou

担子菌门 Basidiomycota、蘑菇纲 Agaricomycetes、锈革菌目 Hymenochaetales、锈革菌科 Hymenochaetaceae、拟木层孔菌属 *Phellinopsis*

形态特征：子实体多年生，平伏，垫状，不易与基物剥离，硬木质。子实层体刚毛常见。孔口表面蜜黄色。略具折光反应，多角形。菌盖边缘厚，全缘。菌肉黄褐色，木栓质，厚。

206. 冷杉附毛孔菌 *Trichaptum abietinum* (Pers.) Ryvarden

担子菌门 Basidiomycota、蘑菇纲 Agaricomycetes、锈革菌目 Hymenochaetales、裂孔菌科 Schizoporaceae、附毛孔菌属 *Trichaptum*

形态特征：子实体一年生，平伏至具明显菌盖，覆瓦状叠生，革质。菌盖半圆形或扇形，表面灰色至灰黑色，被细绒毛，具明显的同心环带，边缘锐，干后内卷。

207. 伯氏附毛孔菌 *Trichaptum brastagii* (Corner) T. Hatt.

担子菌门 Basidiomycota、蘑菇纲 Agaricomycetes、锈革菌目 Hymenochaetales、裂孔菌科 Schizoporaceae、附毛孔菌属 *Trichaptum*

形态特征: 子实体一年生,平伏至具明显菌盖或具侧生短柄,覆瓦状叠生,革质。菌盖匙形或扇形。菌盖表面赭色至紫褐色,被细绒毛,具同心环带,边缘锐,干后内卷。

208. 脆拟层孔菌 *Fomitopsis fragilis* B. K. Cui & M. L. Han

担子菌门 Basidiomycota、蘑菇纲 Agaricomycetes、多孔菌目 Polyporales、拟层孔菌科 Fomitopsidaceae、拟层孔菌属 *Fomitopsis*

形态特征:子实体一年生,无柄,木栓质。菌盖马蹄形,表面黑褐色,具同心环区,边缘钝,厚,全缘,奶油色。孔口表面奶油色至土黄色,略具折光反应,多角形。

209. 粉肉拟层孔菌 *Rhodofomes cajanderi* (P. Karst.) B. K. Cui, M. L. Han & Y. C. Dai

担子菌门 Basidiomycota、蘑菇纲 Agaricomycetes、多孔菌目 Polyporales、拟层孔菌科 Fomitopsidaceae、红层孔菌属 *Rhodofomes*

形态特征：子实体小至中等大,栓革质,无柄,侧生。菌盖边缘多呈反卷或两侧相连,檐状或覆瓦状,初期有细绒毛,粉褐色变污黑褐色、灰黑褐色至黑色,后期绒毛消失。盖边缘薄锐,色稍淡。菌管粉红色,后变菱褐色至暗红褐色,管孔小而细密。

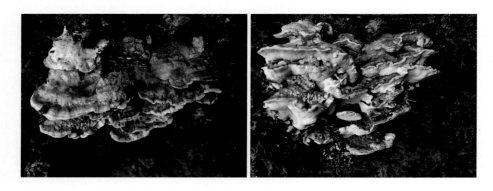

210. 硫磺菌 *Laetiporus sulphureus* (Bull.) Murrill

担子菌门 Basidiomycota、蘑菇纲 Agaricomycetes、多孔菌目 Polyporales、拟层孔菌科 Fomitopsidaceae、炮孔菌属 *Laetiporus*

形态特征：子实体无柄或基部狭窄似菌柄。菌盖半圆形,往往覆瓦状,肉质,老后干酪质,有微细绒毛或光滑,有皱纹,无环带,柠檬黄色或鲜橙色,后期褪色,边缘薄,波浪状至瓣状裂。菌肉白色或浅黄色。管口硫黄色,后期褪色,多角形。

211. 栗褐暗孔菌 *Phaeolus schweinitzii* (Fr.) Pat.

担子菌门 Basidiomycota、蘑菇纲 Agaricomycetes、多孔菌目 Polyporales、拟层孔菌科 Fomitopsidaceae、暗孔菌属 *Phaeolus*

形态特征：菌盖扁平、半圆形或近圆形，花瓣状。无柄或有柄，有柄则柄侧生、偏生或中生，无柄则在基物上侧生并叠生呈覆瓦状。菌管单层，茶褐色管孔大小不等，近圆形、椭圆形或近似迷路状，后期呈现齿状。

212. 华南假芝 *Amauroderma austrosinense* J. D. Zhao & L. W. Hsu

担子菌门 Basidiomycota、蘑菇纲 Agaricomycetes、多孔菌目 Polyporales、灵芝科 Ganodermataceae、假芝属 *Amauroderma*

形态特征：担子果一年生，有柄，伞状，木栓质。菌盖近圆形或稍呈不规则形，中央稍平坦，表面呈褐色或淡黄褐色，具较稠密的深褐色同心环纹，有不规则的放射状沟，边缘钝，略向内卷，有时波状。菌肉呈淡白色。菌管与菌肉同色，孔面淡白色，后变淡褐色。管口略圆形，完整。菌柄近中生、偏生或侧生，与菌盖同色，中空，肉淡白色，粗细不均匀，有时下部变扁。

213. 假芝 *Amauroderma rugosum* (Blume & T. Nees) Torrend

担子菌门 Basidiomycota、蘑菇纲 Agaricomycetes、多孔菌目 Polyporales、灵芝科 Ganodermataceae、假芝属 *Amauroderma*

形态特征：子实体一年生，具中生柄，干后木栓质。菌盖近圆形，表面灰褐色至褐色，具明显的纵皱和同心环纹，中心部分凹陷，无光泽，边缘深褐色，波状，内卷。孔口表面新鲜时灰白色。

214. 树舌灵芝 *Ganoderma applanatum* (Pers.) Pat.

担子菌门 Basidiomycota、蘑菇纲 Agaricomycetes、多孔菌目 Polyporales、灵芝科 Ganodermataceae、灵芝属 *Ganoderma*

形态特征：子实体大型或特大型。无柄或几乎无柄。菌盖半圆形、扁半球形或扁平，基部常下延，表面灰色，渐变褐色，有同心环纹棱，有时有瘤，皮壳胶角质，边缘较薄。菌肉浅栗色，有时近皮壳处后变暗褐色。菌孔圆形。

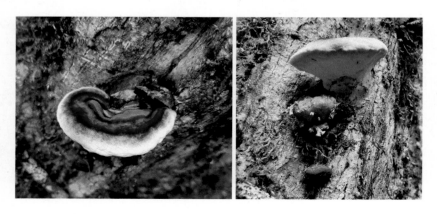

215. 南方灵芝 *Ganoderma australe* (Fr.) Pat.

担子菌门 Basidiomycota、蘑菇纲 Agaricomycetes、多孔菌目 Polyporales、灵芝科 Ganodermataceae、灵芝属 *Ganoderma*

形态特征: 菌肉呈均匀的棕褐色或肉桂色，硬，厚，间有黑色壳质层。无柄。菌管褐色到深褐色，多层时管层间无菌肉相间隔。菌孔面褐色或黄褐色，有时呈黄色。

216. 有柄灵芝 *Ganoderma gibbosum* (Blume & T. Nees) Pat.

担子菌门 Basidiomycota、蘑菇纲 Agaricomycetes、多孔菌目 Polyporales、灵芝科 Ganodermataceae、灵芝属 *Ganoderma*

形态特征: 担子果有柄，木栓质至木质。菌盖半圆形或近扇形，上表面锈褐色、污黄褐色或土黄色，具较稠密的同心环带，皮壳较薄，有时用手指即可压碎，有时有龟裂，无光泽，边缘圆钝，完整。菌肉呈深褐色或深棕褐色。菌管深褐色，孔面污白色或褐色，管口近圆形。菌柄短而粗，侧生粗，基部更粗，与菌盖同色。

217. 灵芝 *Ganoderma lingzhi* Sheng H. Wu et al.

担子菌门 Basidiomycota、蘑菇纲 Agaricomycetes、多孔菌目 Polyporales、灵芝科 Ganodermataceae、灵芝属 *Ganoderma*

形态特征：担子果单生至群生，中等大小，木栓质。菌盖大小变化较大，半圆形、贝壳状、肾形，边缘多完整，偶尔浅裂，幼时表面具弱漆样光泽，肉桂黄色至泥黄色，老后具漆样光泽，边缘或多或少具环纹。菌肉上部分浅黄褐色，下部分泥土黄色，木栓质。菌管孔口初时白色，成熟时硫黄色，受伤时棕色至暗棕色。菌柄侧生，黄褐色至紫褐色，具漆样光泽。

218. 小孢灵芝 *Ganoderma microsporum* R. S. Hseu

担子菌门 Basidiomycota、蘑菇纲 Agaricomycetes、多孔菌目 Polyporales、灵芝科 Ganodermataceae、灵芝属 *Ganoderma*

形态描述：担子果一年生，木质至木栓质，无柄或有短柄基。菌盖扇形、贝壳形或有时不规则形，常常相互重叠，菌盖的基部紫褐色至紫黑色，向外颜色逐渐变浅，红褐色、黄褐色至浅黄色，有强烈的漆样光泽、同心环纹和纵皱，边缘完整或有时波状，浅黄色或浅白色，下部有不孕边缘。菌肉纤维质至木栓质，分层不明显，浅褐色至浅肉褐色，上层颜色较浅，下层较深。

219. 紫芝 *Ganoderma sinense* J. D. Zhao, L. W. Hsu & X. Q. Zhang

担子菌门 Basidiomycota、蘑菇纲 Agaricomycetes、多孔菌目 Polyporales、灵芝科 Ganodermataceae、灵芝属 *Ganoderma*

形态特征： 菌盖木栓质，多呈半圆形至肾形，少数近圆形，表面黑色，具漆样光泽，有环形同心棱纹及辐射状棱纹。菌肉锈褐色。菌管管口与菌肉同色，管口圆形。菌柄侧生，黑色，有光泽。

220. 齿囊耙齿菌 *Irpex hydnoides* Y. W. Lim & H. S. Jung

担子菌门 Basidiomycota、蘑菇纲 Agaricomycetes、多孔菌目 Polyporales、皱孔菌科 Meruliaceae、耙齿菌属 *Irpex*

形态特征： 子实体一年生，平展至反卷，革质。菌盖窄平展，表面乳白色至奶油色，被细密绒毛，具同心环带，边缘与菌盖表面同色，波状。子实层体奶油色至淡黄色。孔口初期孔状，后期呈耙齿状。

221. 白囊耙齿菌 *Irpex lacteus* (Fr.) Fr.

担子菌门 Basidiomycota、蘑菇纲 Agaricomycetes、多孔菌目 Polyporales、皱孔菌科 Meruliaceae、耙齿菌属 *Irpex*

形态特征：担子果一年生，平展至反卷，菌盖表面白色，有细长毛。菌管孔面白色或蛋黄白色，管口常裂为齿状。

222. 黑栓齿菌 *Phellodon niger* (Fr.) P. Karst.

担子菌门 Basidiomycota、蘑菇纲 Agaricomycetes、多孔菌目 Polyporales、皱孔菌科 Meruliaceae、栓齿菌属 *Phellodon*

形态特征：菌盖近圆形，扁平呈皿，初期边缘白色，表面青灰色变至青黑色，有环纹及毛或粗糙不平。菌肉坚韧，青黑色，干燥时有浓的芳香气味。菌齿污白灰色，延生。菌柄粗壮，近粒形，表面有毛，粗糙，内部黑灰色。

223. 鲑贝云芝 *Coriolus consors* (Berk.) Imaz.

担子菌门 Basidiomycota、蘑菇纲 Agaricomycetes、多孔菌目 Polyporales、多孔菌科 Polyporaceae、云芝属 *Coriolus*

形态特征：子实体较小，无柄。菌盖后褪为近白色，无毛且有不明显环带，边缘薄而锐。菌肉白色，菌管同菌盖色，管口边缘裂为齿状。

224. 红贝俄氏孔菌 *Earliella scabrosa* (Pers.) Gilb. & Ryvarden

担子菌门 Basidiomycota、蘑菇纲 Agaricomycetes、多孔菌目 Polyporales、多孔菌科 Polyporaceae、俄氏孔菌属 *Earliella*

形态特征：子实体一年生，平伏反卷至盖形，覆瓦状叠生，木栓质。菌盖半圆形，表面棕褐色至漆红色，光滑，具同心环纹，边缘锐，奶油色。孔口表面白色至棕黄色，多角形至不规则形。

 滇东南
大型真菌彩色图鉴

225. 香菇 *Lentinus edodes* (Berk.) Singer

担子菌门 Basidiomycota、蘑菇纲 Agaricomycetes、多孔菌目 Polyporales、多孔菌科 Polyporaceae、香菇属 *Lentinus*

形态特征：菌盖半肉质，扁半球形，后渐平展，菱色至深肉桂色，上有淡色鳞片。菌肉厚，白色，味美。菌褶白色，稠密，弯生。柄中生至偏生，上部白色，下部白色至褐色，内实，常弯曲，柄基部较膨大。菌环以下部分往往覆有鳞片，菌环窄而易消失。

226. 硬脆容氏孔菌 *Junghuhnia crustacea* (Jungh.) Ryvarden

担子菌门 Basidiomycota、蘑菇纲 Agaricomycetes、多孔菌目 Polyporales、多孔菌科 Polyporaceae、容氏孔菌属 *Junghuhnia*

形态特征：子实体一年生，平伏，革质，新鲜时无特殊气味，干后木栓质，易碎。孔口表面新鲜时白色至奶油色，干后淡黄色至稻草色，初期为不规则齿状，后期齿相互连接融合呈孔状，圆形至稍不规则。

227. 近缘小孔菌 *Microporus affiins* (Blume & T. Nees) Kuntze

担子菌门 Basidiomycota、蘑菇纲 Agaricomycetes、多孔菌目 Polyporales、多孔菌科 Polyporaceae、小孔菌属 *Microporus*

形态特征: 菌盖革质, 半圆形至扇形, 表面光滑, 淡黄色至黑色, 具明显环纹和环沟。侧生柄或者几乎无柄。孔口新鲜时白色至奶油色, 干后淡黄色至赭石色, 圆形至多角形, 边缘薄而锐, 全缘。菌肉干后淡黄色。菌管与孔口同色。菌柄暗褐色至褐色, 光滑。

228. 扇形小孔菌 *Microporus flabelliformis* (Kl.: Fr.) O. Kuntze

担子菌门 Basidiomycota、蘑菇纲 Agaricomycetes、多孔菌目 Polyporales、多孔菌科 Polyporaceae、小孔菌属 *Microporus*

形态特征: 子实体一般较小, 菌盖薄, 扇形, 革质, 平展, 有同心环纹, 黄褐色、锈褐色或栗色, 稀呈黑褐色, 边缘薄而波状或开裂, 初期有细绒毛, 渐变光滑至光亮。菌管小, 圆形, 管面白色至黄白色, 靠盖边缘无子实层。菌肉白色, 纤维质。菌柄侧生, 基部着生部位呈吸盘状, 浅褐色至暗褐色。

229. 褐扇小孔菌 *Microporus vernicipes* (Berk.) Kuntze

担子菌门 Basidiomycota、蘑菇纲 Agaricomycetes、多孔菌目 Polyporales、多孔菌科 Polyporaceae、小孔菌属 *Microporus*

形态特征：菌盖革质，扇形，表面有丝光，浅黄褐色至黑褐色，具同心环纹，边缘薄，浅白黄色，波状至撕裂状。孔口新鲜时乳白色，干后淡赭石色，圆形至多角形，边缘薄，全缘，不孕边缘明显。菌肉干后淡粉黄色。菌管与孔口同色。菌柄侧生，表皮浅酒红色，光滑。

230. 黄褐小孔菌 *Microporus xanthopus* (Fr.) Kuntze.

担子菌门 Basidiomycota、蘑菇纲 Agaricomycetes、多孔菌目 Polyporales、多孔菌科 Polyporaceae、小孔菌属 *Microporus*

形态特征：菌盖近圆形至漏斗形，菌盖表面有光泽，浅黄褐色至深黄褐色，具同心环纹，边缘薄而锐，浅棕黄色，波状至撕裂状。孔口新鲜时白色至奶油色，干后淡赭石色，圆形至多角形，边缘薄，全缘，不孕边缘明显。菌肉干后淡棕黄色，菌管与孔口同色。菌柄偏生或者中生，浅黄色至淡褐色，光滑。

231. 漏斗多孔菌 *Polyporus arcularius* (Batsch) Fr.

担子菌门 Basidiomycota、蘑菇纲 Agaricomycetes、多孔菌目 Polyporales、多孔菌科 Polyporaceae、多孔菌属 *Polyporus*

形态特征：子实休一般较小。菌盖扁平，中部脐状，后期边缘平展或翘起，似漏斗状，薄，褐色、黄褐色至深褐色，有深色鳞片，无环带，边缘有长毛，新鲜时韧肉质，柔软，干后变硬且边缘内卷。菌肉薄，白色或污白色。菌管白色，延生，干时呈草黄色，管口近长方圆形，辐射状排列。柄中生，同盖色，往往有深色鳞片。

232. 黄鳞多孔菌 *Polyporus ellisii* Berk

担子菌门 Basidiomycota、蘑菇纲 Agaricomycetes、多孔菌目 Polyporales、多孔菌科 Polyporaceae、多孔菌属 *Polyporus*

形态特征：子实体中等至较大。菌盖扇形，或近圆形，硫黄色至橘黄色带有淡绿色，具有覆瓦状排列的丛毛状鳞片，盖缘波状至瓣裂。菌肉白色至乳黄色，伤后稍变为淡黄绿色。菌柄侧生或偏生至近中生，黄色至土黄色，中下部有块状黄色突起，向基部渐变细。菌管延生达柄中下部，孔口近角形，复式，老后稍呈齿状，近白色或淡黄色，伤处绿黄色。

233. 黑柄多孔菌 *Polyporus melanopus* (Pers.) Fr.

担子菌门 Basidiomycota、蘑菇纲 Agaricomycetes、多孔菌目 Polyporales、多孔菌科 Polyporaceae、多孔菌属 *Polyporus*

形态特征：菌盖初期白色、污白黄色变黄褐色，后期呈茶褐色，表面平滑无环带，边缘呈波状。菌柄近圆柱形，稍变曲，暗褐色至黑色，内部白色，近中生，内实而变硬，有绒毛，基部稍膨大。菌管白色，孔口多角形，边缘呈锯齿状。

234. 青柄多孔菌 *Polyporus picipes* Fr.

担子菌门 Basidiomycota、蘑菇纲 Agaricomycetes、多孔菌目 Polyporales、多孔菌科 Polyporaceae、多孔菌属 *Polyporus*

形态特征：菌盖扇形、肾形、近圆形至圆形，稍凸至平展，基部常下凹，栗褐色，中部色较深，有时表面全呈黑褐色，光滑，边缘薄而锐，波浪状至瓣裂。菌柄侧生或偏生，黑色或基部黑色，初期具细绒毛，后变光滑。菌肉白色或近白色。菌管延生，与菌肉色相似，干后呈淡粉灰色。

235. 鲜红密孔菌 *Pycnoporus cinnabarinus* (Jacq.) P. Karst.

担子菌门 Basidiomycota、蘑菇纲 Agaricomycetes、多孔菌目 Polyporales、多孔菌科 Polyporaceae、密孔菌属 *Pycnoporus*

形态特征：子实体一年生，革质。菌盖扇形或肾形，表面新鲜时砖红色，干后颜色几乎不变，边缘较尖锐，稍厚，全缘。孔口表面新鲜时砖红色，干后颜色不变。孔口近圆形。

236. 雅致栓孔菌 *Trametes elegans* (Spreng.) Fr.

担子菌门 Basidiomycota、蘑菇纲 Agaricomycetes、多孔菌目 Polyporales、多孔菌科 Polyporaceae、栓孔菌属 *Trametes*

形态特征：子实体一年生，硬革质。菌盖半圆形，表面白色至浅灰白色，基部具瘤状突起，边缘锐。孔口表面奶油色至浅黄色，多角形至迷宫状，放射状排列。

237. 迷宫栓孔菌 *Trametes gibbosa* (Pers.) Fr.

担子菌门 Basidiomycota、蘑菇纲 Agaricomycetes、多孔菌目 Polyporales、多孔菌科 Polyporaceae、栓孔菌属 *Trametes*

形态特征：担子果无柄，盖形，单生或覆瓦状叠生。菌盖半圆形或扇形，表面新鲜时乳白色，后变为奶油色至浅棕黄色，被细微绒毛，有明显的同心环纹，老后变光滑，边缘锐，黄褐色。孔口表面初期乳白色，后变为浅乳黄色，干后为乳黄色至草黄色，具一定折光反应。管口或菌褶边缘薄，略有撕裂状。菌肉乳白色，新鲜时革质，干后木栓质，无环区，菌管奶油色或浅乳黄色，比管口颜色略浅，比菌肉颜色略深。

238. 毛栓孔菌 *Trametes hirsuta* (Wulfen) Lloyd

担子菌门 Basidiomycota、蘑菇纲 Agaricomycetes、多孔菌目 Polyporales、多孔菌科 Polyporaceae、栓孔菌属 *Trametes*

形态特征：子实体小至中等大，一年生，无柄，侧生，木栓质，半圆形，菌盖平，近薄片状，密被黄白色、黄褐色或深栗褐色粗毛束，有同心环带，老时褪为灰白

色或浅灰褐色，边缘较薄而锐。菌肉白色、木材色至浅黄褐色，干时变轻。菌管一层，与菌肉同色同质，管孔较大，圆形或广椭圆形，有时多少弯曲不整。

239. 赭肉色栓菌 *Trametes insularis* Murr.

担子菌门 Basidiomycota、蘑菇纲 Agaricomycetes、多孔菌目 Polyporales、多孔菌科 Polyporaceae、栓孔菌属 *Trametes*

形态特征：子实体中等大。菌盖呈半圆形或贝壳状，基部狭窄或近菌柄状，褐黄色、赭褐色或暗紫褐色，表面有辐射状皱纹，光滑，边缘有较宽的蛋壳色、浅白黄色带，下侧无子实层。菌肉白色或浅木材色，木栓质，有环纹，与菌管同色。

240. 白栓菌 *Trametes lactinea* (Berk.) Welti & Courtec.

担子菌门 Basidiomycota、蘑菇纲 Agaricomycetes、多孔菌目 Polyporales、多孔菌科 Polyporaceae、栓孔菌属 *Trametes*

形态特征：子实体小，无柄。菌盖半圆形或平伏面反卷，常左右相连呈覆瓦状，革质，表面白色，有不明显同心环棱或无环纹，或有微细绒毛，边缘薄而锐。菌肉白色。菌管近白色，管口多角形至稍弯曲或近褶状。

241. 黄贝栓菌 *Trametes membranacea* (Sw.) Kreisel

担子菌门 Basidiomycota、蘑菇纲 Agaricomycetes、多孔菌目 Polyporales、多孔菌科 Polyporaceae、栓孔菌属 *Trametes*

形态特征：担子果无柄，稀平展至反卷。菌盖扇形，有狭窄基部，覆瓦状，往往侧面相连，韧，干后变硬，表面米黄色至蛋壳色，近光滑，有辐射状细条纹和不明显的同心环带。边缘薄而锐，波浪状，有时内卷。菌肉近白色，菌管与菌肉色相近似或较深，渐变为淡黄褐色，后期管壁开裂呈齿状。

242. 褐带栓菌 *Trametes meyenii* (Klotzsch) Lloyd

担子菌门 Basidiomycota、蘑菇纲 Agaricomycetes、多孔菌目 Polyporales、多孔菌科 Polyporaceae、栓孔菌属 *Trametes*

形态特征：半圆形，覆瓦状，无菌柄，质硬，有蛋壳色绒毛，后变光滑，具朽叶色同心环带，边缘薄，完整或呈波浪状的木腐菌。菌肉白色。菌管白色，管口污白色或淡黄色，初期近圆形，后期管壁裂成齿状。

243. 赭栓孔菌 *Trametes ochracea* (Pers.) Gilb. & Ryvarden

担子菌门 Basidiomycota、蘑菇纲 Agaricomycetes、多孔菌目 Polyporales、多孔菌科 Polyporaceae、栓孔菌属 *Trametes*

形态特征：子实体一年生，覆瓦状叠生，韧革质。菌盖半圆形或扇形，表面奶油色至红褐色，具同心环带，边缘钝。

244. 东方栓菌 *Trametes orientalis* (Yasuda) Imaz.

担子菌门 Basidiomycota、蘑菇纲 Agaricomycetes、多孔菌目 Polyporales、多孔菌科 Polyporaceae、栓孔菌属 *Trametes*

形态特征：子实体木栓质，无柄侧生，多覆瓦状叠生。菌盖半圆形扁平或近贝壳状，表面具微细绒毛，后渐光滑，米黄色、灰褐色至红褐色，常有浅棕灰色至深棕灰色的环纹和较宽的同心环棱，有放射状皱纹，外部常具褐色小疣突，盖边缘锐或钝，全缘或波状。菌肉白色至木材白色，坚韧。菌管与菌肉同色或稍深，管壁厚。管口圆形，白色至浅锈色，口缘完整。

245. 绒毛栓菌 *Trametes pubescens* (Schumach.) Pilát

担子菌门 Basidiomycota、蘑菇纲 Agaricomycetes、多孔菌目 Polyporales、多孔菌科 Polyporaceae、栓孔菌属 *Trametes*

形态特征: 担子果一年生,无柄,平展至反卷,木栓质或近革质。菌盖半圆形或扇形,有时覆瓦状或左右相连,表面有细绒毛,浅黄色、灰白色或浅黄褐色,具不明显的环带。边缘薄或稍厚,有时稍内卷。菌肉白色,菌管白色,干后浅褐色。孔面白色,后变浅褐色,高低不平。管口略圆形或多角形。

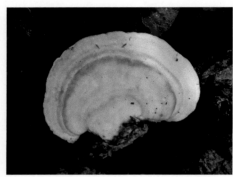

246. 薄白干酪菌 *Tyromyces chioneus* (Fr.) P. Karst.

担子菌门 Basidiomycota、蘑菇纲 Agaricomycetes、多孔菌目 Polyporales、多孔菌科 Polyporaceae、干酪菌属 *Tyromyces*

形态特征: 子实体较小或中等。菌盖纯白色,后变污白色至淡黄色,鲜时软而多汁,干时硬,表面光滑或近光滑,有薄的表皮层,扁平或边缘波状或翘起,菌肉白色,较薄。

247. 蹄形干酪菌 *Tyromyces lacteus* (Fr.) Murr.

担子菌门 Basidiomycota、蘑菇纲 Agaricomycetes、多孔菌目 Polyporales、多孔菌科 Polyporaceae、干酪菌属 *Tyromyces*

形态特征：子实体较小，无柄，菌盖近马蹄形，剖面呈三角形，纯白色，后期或干时变为淡黄色，鲜时半肉质，干时变硬，表面无环而有细绒毛，边缘锐，内卷。菌肉软，干后易碎。菌管白色，管口白色，干后变为淡黄色，多角形，管壁薄，逐渐裂开。

248. 乳白干酪菌 *Tyromyces stipticus* (Pers.: Fr) Koti & Pouz

担子菌门 Basidiomycota、蘑菇纲 Agaricomycetes、多孔菌目 Polyporales、多孔菌科 Polyporaceae、干酪菌属 *Tyromyces*

形态特征：菌盖乳白色至乳黄色，表面粗糙。菌肉白色。无菌柄。菌管面白色、乳白色，孔口白色。

249. 单色下皮黑孔菌 Cerrena unicolor (Bull.) Murrill

担子菌门 Basidiomycota、蘑菇纲 Agaricomycetes、多孔菌目 Polyporales、多孔菌科 Polyporaceae、革盖菌属 Cerrena

形态特征：担子果无柄或具狭窄的基部，菌盖半圆形、贝壳形、扇形或平伏至反卷，常常覆瓦状排列和左右相连，表面被粗毛或绒毛，有明显的同心环纹，初淡白色，后变浅黄色、灰褐色、棕黄色，因藻类的存在常呈浅绿色或浅绿褐色，最后基部几乎变成光滑和黑色。边缘锐或钝，有时波浪状或浅裂，

通常比菌盖颜色淡。菌肉白色，与毛层之间有一条黑线，使两者明显分开。菌管与菌肉颜色相同。孔面初淡白黄色到淡黄色，后变淡灰色到淡污褐色。管口略圆形，很快变成迷宫状并齿裂。

250. 粗糙拟迷孔菌 Daedaleopsis confragosa (Bolton) J. Schröt.

担子菌门 Basidiomycota、蘑菇纲 Agaricomycetes、多孔菌目 Polyporales、多孔菌科 Polyporaceae、拟迷孔菌属 Daedaleopsis

形态特征：子实体中等至较大，菌盖无柄，半圆形、扇形、肾形，叠生，边缘薄。污白色或黄褐色，具有红褐色同心环纹。菌肉白色至带粉色，或浅褐色。菌管近黄褐色。

251. 杯冠瑚菌 *Artomyces pyxidatus* (Pers.) Jülich

担子菌门 Basidiomycota、蘑菇纲 Agaricomycetes、红菇目 Russulales、耳匙菌科 Auriscalpiaceae、杯冠瑚菌属 *Artomyces*

形态特征:子实体珊瑚状,初期乳白色,渐变为黄色、米色至淡褐色,后期呈褐色,表面光滑。主枝 3～5 条,肉质,分枝 3～5 回,每一分枝处的所有轮状分枝构成一环。

252. 海狸色小香菇 *Lentinellus castoreus* (Fr.) Kühner & Maire

担子菌门 Basidiomycota、蘑菇纲 Agaricomycetes、红菇目 Russulales、耳匙菌科 Auriscalpiaceae、小香菇属 *Lentinellus*

形态特征:菌盖侧耳形,赭棕色、肉鲑棕色或稍带粉红棕色,幼时内卷,向内渐生绒毛,近基部处绒毛密而厚,密布呈毯状,污白色或灰白色或带棕色。菌肉薄,污白色,厚实。菌褶深度延生,密,肉色至淡棕色。菌柄极短。

147

253. 香乳菇 *Lactarius camphoratus* (Bull.) Fr.

担子菌门 Basidiomycota、蘑菇纲 Agaricomycetes、红菇目 Russulales、红菇科 Russulaceae、乳菇属 *Lactarius*

形态特征: 子实体小。菌盖初期扁球形,后渐下凹,中部往往有小突起,不黏,深肉桂色至棠梨色。菌肉色浅于菌盖,乳汁白色,不变色。菌褶白色至淡黄色,老后色与菌盖相似,密,直生至稍下延。菌柄近柱形,色与菌盖相似,内部松软,后中空。

254. 栗褐乳菇 *Lactarius castaneus* W. F. Chiu

担子菌门 Basidiomycota、蘑菇纲 Agaricomycetes、红菇目 Russulales、红菇科 Russulaceae、乳菇属 *Lactarius*

形态特征: 菌盖扁半球形至平展,表面灰黄色、淡褐色至褐橙色,胶黏,无环纹。菌肉淡褐色,苦涩。菌褶直生至延生,较密,白色至淡黄色。乳汁白色,不变色。菌柄圆柱形或向上渐细,淡黄色至近白色,光滑。

255. 肉桂色乳菇 *Lactarius cinnamomeuss* W. F. Chiu

担子菌门 Basidiomycota、蘑菇纲 Agaricomycetes、红菇目 Russulales、红菇科 Russulaceae、乳菇属 *Lactarius*

形态特征：菌盖扁半球形至平展，表面灰黄色、橄榄褐色至淡黄色、肉桂褐色，湿时胶黏，无环纹，有放射状皱纹。菌肉污白色。菌褶直生至延生，密，白色至米色并带灰色至橙色色调。乳汁白色，不变色。菌柄圆柱形，污白色。

256. 松乳菇 *Lactarius deliciosus* (L.) Gray

担子菌门 Basidiomycota、蘑菇纲 Agaricomycetes、红菇目 Russulales、红菇科 Russulaceae、乳菇属 *Lactarius*

形态特征：子实体中等至大型。菌盖扁半球形，中央黏状，伸后下凹，边缘最初内卷，后平展，湿时黏，无毛，虾仁色、胡萝卜黄色或深橙色，有或没有颜色较明显的环带，花纹酷似松树的年轮，后色变淡。伤后变绿色，特别是菌盖边缘部分变绿显著。菌肉初带白色，后变胡萝卜黄色。乳汁量少，橘红色，最后变绿色，菌褶与菌盖同色，稍密，近柄处分叉，褶间具横脉，直生或稍延生。菌柄近圆柱形并向基部渐细，有时具暗橙色凹窝，色同菌褶或更浅。

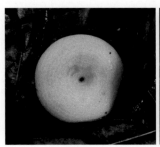  

257. 浅灰香乳菇 *Lactarius glyciosmus* (Fr.) Fr.

担子菌门 Basidiomycota、蘑菇纲 Agaricomycetes、红菇目 Russulales、红菇科 Russulaceae、乳菇属 *Lactarius*

形态特征: 子实体小。菌盖初期扁半球形,后期中部下凹近扁平,有时中央具小的凸起,表面灰色带微紫红色或皮革色,微有环纹,不黏,初期边缘内卷。菌褶延生,较密,带浅黄色或淡肉色后期变成灰紫色。乳汁白色。菌柄近圆柱形,污白色或带黄色或者较盖色浅,内部松软。

258. 纤细乳菇 *Lactarius gracilis* Hongo

担子菌门 Basidiomycota、蘑菇纲 Agaricomycetes、红菇目 Russulales、红菇科 Russulaceae、乳菇属 *Lactarius*

形态特征: 菌盖扁半球形至平展,褐色、红褐色至肉桂色,中央有一尖突,边缘具有明显的流苏状绒毛,菌肉淡褐色。菌褶乳汁少,白色。菌柄圆柱形或向下渐粗,与菌盖同色或稍深,基部有硬毛。

259. 毛脚乳菇 *Lactarius hirtipes* J. Z. Ying

担子菌门 Basidiomycota、蘑菇纲 Agaricomycetes、红菇目 Russulales、红菇科 Russulaceae、乳菇属 *Lactarius*

形态特征：菌盖扁半球形至平展，红褐色至橙褐色，中央下陷，无环纹。菌褶直生至延生。乳汁少，白色，不变色。菌柄圆柱形或向上渐细，与菌盖同色或稍浅，基部具硬毛。

260. 木生乳菇 *Lactarius lignicola* W. F. Chiu

担子菌门 Basidiomycota、蘑菇纲 Agaricomycetes、红菇目 Russulales、红菇科 Russulaceae、乳菇属 *Lactarius*

形态特征：菌盖扁平至漏斗形，肉桂黄色，中央略有同心轮纹，边缘无轮纹，略波浪状弯曲。菌肉浅黄色，坚硬，乳汁白色至淡白色，老后变为淡黄色。菌褶黄赭石色，延生，稠密，分叉。菌柄上下等粗，一般扁，与菌盖同色，有细柔毛至近无毛，中空。

261. 苍白乳菇 *Lactarius pallidus* (Pers.: Fr.) Fr.

担子菌门 Basidiomycota、蘑菇纲 Agaricomycetes、红菇目 Russulales、红菇科 Russulaceae、乳菇属 *Lactarius*

形态特征：子实体中等至较大。菌盖初扁半球形，开展后脐状下凹，近漏斗形，边缘内卷，黏，无毛，色浅，浅肉桂色、浅土黄色或略带黄褐色。边缘初期内卷，后平展至上翘。菌肉白色，厚，致密。菌褶近延生至离生，稠密，窄，薄，近柄处分叉，赭黄色，近基渐细，内实。

262. 黑乳菇 *Lactarius picinus* Fr.

担子菌门 Basidiomycota、蘑菇纲 Agaricomycetes、红菇目 Russulales、红菇科 Russulaceae、乳菇属 *Lactarius*

形态特征：菌盖半球形或平扁，中部有时略凸，黑色，光滑或有微细绒毛。菌肉薄，白色或红色。菌褶较密，类白色或淡黄色。菌柄圆柱形。

263. 白乳菇 *Lactarius piperatus* (L.) Pers.

担子菌门 Basidiomycota、蘑菇纲 Agaricomycetes、红菇目 Russulales、红菇科 Russulaceae、乳菇属 *Lactarius*

形态特征：菌盖中部下凹呈浅漏斗状，白色，无毛绒，无环纹。盖缘渐薄微上翘。菌肉白色，坚脆，伤后不变色。味辣。乳汁白色，不变色。菌褶白色，下延。菌柄短而粗。

264. 亚绒盖乳菇 *Lactarius subvellereus* Peck

担子菌门 Basidiomycota、蘑菇纲 Agaricomycetes、红菇目 Russulales、红菇科 Russulaceae、乳菇属 *Lactarius*

形态特征：子实体中等至较大，菌盖扁半球形，中部下凹呈浅漏斗状，表面密被短绒毛，无环带，白色有浅黄色斑，边缘内卷或伸展。菌肉致密，白色。乳汁白色或略呈淡乳黄色，干后黄色。菌褶窄，稠密，直生至稍延生，白色至浅黄色，伤后或干后呈肉桂色，常分叉。菌柄一般短粗，白色有短绒毛，干后呈肉桂色。

265. 绒白乳菇 *Lactarius vellereus* (Fr.) Fr.

担子菌门 Basidiomycota、蘑菇纲 Agaricomycetes、红菇目 Russulales、红菇科 Russulaceae、乳菇属 *Lactarius*

形态特征:菌盖白色,有细绒毛,不黏,老后米黄色,中央脐形,后下凹或漏斗形,边缘内卷。菌肉厚,白色稍带黄褐色,乳汁白色。菌褶直生或稍延生,厚,稀疏,不等长,有时分叉,新鲜时白色,老后米黄色。菌柄白色,有绒毛,短圆柱形,中实,常常稍偏生。

266. 多汁乳菇 *Lactarius volemus* (Fr.) Kuntze

担子菌门 Basidiomycota、蘑菇纲 Agaricomycetes、红菇目 Russulales、红菇科 Russulaceae、乳菇属 *Lactarius*

形态特征:子实体中等至较大。菌盖幼时扁半球形,中部下凹呈脐状,伸展后似漏斗状,表面平滑,无环带,琥珀褐色至深棠梨色或暗土红色,边缘内卷。菌肉白色,在伤处渐变褐色。乳汁白色,不变色。菌褶白色或带黄色,伤处变褐黄色,稍密,直生至延生,不等长,分叉。菌柄近圆柱形,表面近光滑,同盖色,内部实心。

267. 白红菇 *Russula albida* Peck

担子菌门 Basidiomycota、蘑菇纲 Agaricomycetes、红菇目 Russulales、红菇科 Russulaceae、红菇属 *Russula*

形态特征:子实体白色,菌盖半圆形或扇形,光滑。菌柄偏生至中生,白色,实心,近圆柱形。菌褶白色,延生,不等长。

268. 革红菇 *Russula alutacea* (Pers.) Fr.

担子菌门 Basidiomycota、蘑菇纲 Agaricomycetes、红菇目 Russulales、红菇科 Russulaceae、红菇属 *Russula*

形态特征:菌盖扁半球形或平展,中央下凹,湿时黏,深苋菜红色、鲜紫红色,边缘平滑或具不明显的条纹。菌肉白色。菌褶白色至淡乳黄色,后淡赭黄色,有时呈淡粉红色,等长,有的基部交叉,褶间有横脉,乳黄色或淡赭黄色,褶的前缘带红色。菌柄近圆柱形,白色,中下部粉红色。

269. 黑紫红菇 *Russula atropurpurea* (Krombh.) Britzelm.

担子菌门 Basidiomycota、蘑菇纲 Agaricomycetes、红菇目 Russulales、红菇科 Russulaceae、红菇属 *Russula*

形态特征：子实体一般中等大。菌盖半球形，后平展，最后中部下凹，湿时黏，干后光滑，紫红色、紫色或暗紫色，中部色更暗，边缘色浅，常常褪色，边缘薄，平滑。菌肉白色，表皮下淡红紫色。菌褶白色，后稍带乳黄色，等长，直生，基部变窄，前端宽。菌柄圆柱形，白色，有时中部粉红色，基部稍带赭石色，在潮湿情况下老后变灰色，中实，后中空。

270. 葡紫红菇 *Russula azurea* Bres.

担子菌门 Basidiomycota、蘑菇纲 Agaricomycetes、红菇目 Russulales、红菇科 Russulaceae、红菇属 *Russula*

形态特征：子实体较小。菌盖扁半球形，后展平，中部稍下凹，有粉或微细颗粒，边缘没有条纹，丁香紫色，或浅葡萄紫色或紫褐色。菌肉白色，菌褶白色，分叉，等长，直生或稍延生。菌柄白色，中部略膨大或向下渐细，内部松软。

271. 梨红菇 *Russula cyanoxantha* (Schaeff.: Fr.)

担子菌门 Basidiomycota、蘑菇纲 Agaricomycetes、红菇目 Russulales、红菇科 Russulaceae、红菇属 *Russula*

形态特征:子实体一般中等大。菌盖扁半球形,平展,后中部下凹,老时近漏斗形,浅青褐色、绿灰色、粉灰色,湿时或雨后稍黏,常具细小龟裂,边缘无条纹,或老后有不明显条纹。菌肉白色。菌褶白色,密而窄,分叉,近延生或延生。菌柄白色中实,后松软至中空,基部常常略细。

272. 褪色红菇 *Russula decolorans* (Fr.) Fr.

担子菌门 Basidiomycota、蘑菇纲 Agaricomycetes、红菇目 Russulales、红菇科 Russulaceae、红菇属 *Russula*

形态特征:子实体一般中等大。菌盖初半球形,后平展,中部下凹,浅红色、橙红色或橙褐色,部分褪至深蛋壳色或蛋壳色,有时色淡为土黄色或肉桂色,黏,边缘薄,平滑,老后有短条纹。菌肉白色,老后或伤后变灰色、灰黑色。菌褶初白色,后乳黄色至浅黄赭色,变灰黑色或褶缘黑色,柄处有分叉,弯生至离生,具横脉。菌柄白色,后浅灰色,常呈圆柱形,或向上细而基部近棒状,内实,后松软。

273. 毒红菇 *Russula emetica* (Schaeff.) Pers.

担子菌门 Basidiomycota、蘑菇纲 Agaricomycetes、红菇目 Russulales、红菇科 Russulaceae、红菇属 *Russula*

形态特征： 子实体一般较小。菌盖珊瑚红色，有时褪至粉红色，扁半球形至平展，老后中部稍下凹，光滑，表黏皮易剥落，边缘有棱纹。菌肉白色，薄，近表皮处粉红色。菌褶白色，较稀，长短不一，菌褶近凹生，褶间有横脉。菌柄白色或部分粉红色，内部松软。

274. 臭黄菇 *Russula foetens* Pers.

担子菌门 Basidiomycota、蘑菇纲 Agaricomycetes、红菇目 Russulales、红菇科 Russulaceae、红菇属 *Russula*

形态特征： 菌盖扁半球形，平展，后中部下凹，往往中部土褐色。菌肉污白色，质脆，具腥臭味。菌褶污白色至浅黄色，常有深色斑痕，长短一致或有少数短菌褶，弯生或近离生，较厚。菌柄较粗壮，圆柱形，污白色至淡黄色，老后常出现深色斑痕，内部松软至空心。

275. 小毒红菇 *Russula fragilis* Fr.

担子菌门 Basidiomycota、蘑菇纲 Agaricomycetes、红菇目 Russulales、红菇科 Russulaceae、红菇属 *Russula*

形态特征:子实体小。菌盖深粉红色,老后褪色,黏,表皮易脱落,边缘具粗条棱。菌盖扁半球形,平展后中部下凹,边缘薄。菌肉白色,薄。菌褶白色。

276. 淡绿红菇 *Russula heterophylla* (Fr.) Fr.

担子菌门 Basidiomycota、蘑菇纲 Agaricomycetes、红菇目 Russulales、红菇科 Russulaceae、红菇属 *Russula*

形态特征:菌盖扁半球形,后平展至中部下凹,绿色,但色调深浅多变,微蓝绿色、淡黄绿色或灰绿色,老时中部带淡黄色或淡橄榄褐色,湿时黏,表皮近边缘处可剥离,边缘平滑。菌肉白色,菌褶白色,密,等长,有时具小褶片,近柄处有分叉,近延生。菌柄白色,等粗或向下略细。

277. 细绒盖红菇 *Russula lepidicolor* Romagn.

担子菌门 Basidiomycota、蘑菇纲 Agaricomycetes、红菇目 Russulales、红菇科 Russulaceae、红菇属 *Russula*

形态特征：子实体较小。菌盖半球形至扁半球形，中部稍下凹，红色，部分呈现黄色，表面具细绒毛，不黏，表皮不易撕剥，边缘平整。菌肉白色，伤处不变色。菌褶白色、黄白色至淡黄色，直生，等长。菌柄圆柱形，白色或带红色，基部膨大。

278. 淡紫红菇 *Russula lilacea* Quél.

担子菌门 Basidiomycota、蘑菇纲 Agaricomycetes、红菇目 Russulales、红菇科 Russulaceae、红菇属 *Russula*

形态特征：子实体较小。菌盖初期扁半球形，后平展至中下凹，湿时黏，浅丁香紫色或粉紫色，中部色较深并有微颗粒或绒状，边缘具条纹。菌肉白色。褶有分叉及横脉，不等长，白色，直生。菌柄圆柱形，白色，基部稍带浅紫色，内部松软或中空。

279. 红黄红菇 *Russula luteolacta* Rea

担子菌门 Basidiomycota、蘑菇纲 Agaricomycetes、红菇目 Russulales、红菇科 Russulaceae、红菇属 *Russula*

形态特征: 子实体一般中等大。菌盖扁平至近平展,中部稍下凹,红色或粉红色,部分区域褪色为白黄色,平滑,边缘条纹不明显。菌肉白色。菌褶浅乳黄色,延生,密。菌柄白色或粉红色,柱形或向基部变细,内松软。

280. 蜜黄红菇 *Russula ochroleuca* Fr.

担子菌门 Basidiomycota、蘑菇纲 Agaricomycetes、红菇目 Russulales、红菇科 Russulaceae、红菇属 *Russula*

形态特征: 子实体中等大。菌盖蜜黄色,扁半球形,平展后中部稍下凹,湿润时黏,边缘平滑。菌肉白色。菌褶白色,稍密,弯生,不等长,菌褶间有横脉。菌柄圆柱形,白色,干时灰白色。

281. 紫薇红菇 *Russula puellaris* Fr.

担子菌门 Basidiomycota、蘑菇纲 Agaricomycetes、红菇目 Russulales、红菇科 Russulaceae、红菇属 *Russula*

形态特征：子实体小。菌盖扁半球形，渐开展后中部下凹，淡紫褐色至深紫薇色，中央色深，边缘有条棱，表面平滑无毛，黏。菌肉白色，中部稍厚。菌褶白色，后变为淡黄色，凹生，不等长，稍密，褶间有横脉。菌柄近圆柱形，白色，内部松软至空心。

282. 玫瑰红菇 *Russula rosacea* (Bull.) Fr.

担子菌门 Basidiomycota、蘑菇纲 Agaricomycetes、红菇目 Russulales、红菇科 Russulaceae、红菇属 *Russula*

形态特征：子实体小或中等。菌盖初期半球形至扁半球形，后渐平展，中部下凹，玫瑰红色或近血红色或带朱红色，湿润时稍黏，边缘平滑无条棱。菌肉白色，稍厚。菌褶近白色，稍密，等长或不等长，近直生至稍延生，有分叉。菌柄圆柱形，白色带粉红色，稍有皱，内部松软至空心。

283. 鳞盖红菇 *Russula rosea* Pers.

担子菌门 Basidiomycota、蘑菇纲 Agaricomycetes、红菇目 Russulales、红菇科 Russulaceae、红菇属 *Russula*

形态特征: 子实体中等大。菌盖扁半球形，后平展至中下凹，珊瑚红色或更鲜艳，边缘有时为杏黄色，部分或全部退至粉肉桂色或淡白色，不黏，无光泽或绒状，中部有时被白粉，边缘无条纹。菌肉白色，厚。菌褶白色，老后变为乳黄色，近盖缘处可带红色，稍密至稍稀，常有分叉，褶间具横脉。菌柄圆柱形或向下渐细，白色，一侧或基部带浅珊瑚红色，中实或松软。

284. 血红菇 *Russula sanguinea* (Bull.) Fr.

担子菌门 Basidiomycota、蘑菇纲 Agaricomycetes、红菇目 Russulales、红菇科 Russulaceae、红菇属 *Russula*

形态特征: 子实体一般中等。菌盖扁半球形，平展至中部下凹，大红色，干后带紫色，老后往往局部或成片状褪色。菌肉白色，不变色。菌褶白色，老后变为乳黄色，稍密，等长，延生。菌柄近圆柱形或近棒状，通常珊瑚红色，罕为白色，老后或柄基部带橙黄色，内实。

285. 点柄臭黄菇 *Russula senecis* S. Imai

担子菌门 Basidiomycota、蘑菇纲 Agaricomycetes、红菇目 Russulales、红菇科 Russulaceae、红菇属 *Russula*

形态特征: 菌盖污黄色至黄褐色，黏，边缘表皮常龟裂并有小疣组成的明显粗条棱，似鱼鳃。菌盖扁半球形，平展，后中部稍下凹。菌肉污白色。菌褶污白色至淡黄褐色，直生至稍延生，等长或不等长，褶缘色深且粗糙。菌柄圆柱形，具褐黑色小腺点，有时细长且基部渐细，污黄色，内部松软至中空，质脆。

286. 茶褐红菇 *Russula sororia* Fr.

担子菌门 Basidiomycota、蘑菇纲 Agaricomycetes、红菇目 Russulales、红菇科 Russulaceae、红菇属 *Russula*

形态特征: 子实体中等大。菌盖扁半球形，中部下凹，棕褐黑色，中央色较暗，无毛，湿时黏，边缘具小疣组成的棱纹，土黄色或茶褐色。菌肉白色。菌褶白色，窄生或离生，中部宽，边缘锐，密，褶间有横纹，不等长。菌柄圆柱形，白色变淡灰色，稍被绒毛，中部实心。

287. 亚稀褶黑菇 *Russula subnigricans* Hongo

担子菌门 Basidiomycota、蘑菇纲 Agaricomycetes、红菇目 Russulales、红菇科 Russulaceae、红菇属 *Russula*

形态特征：子实体中等大。菌盖浅灰色至煤灰黑色。菌盖扁半球形，中部下凹，呈漏斗状，表面干燥，有微细绒毛，边缘色浅而内卷，无条棱。菌肉白色，受伤处变红色而不变黑色。菌褶直生或近延生，浅黄白色，伤变红色，稍稀疏，不等长，厚而脆，不分叉，往往有横脉。菌柄椭圆形，较盖色浅，内部实心或松软。

288. 菱红菇 *Russula vesca* Fr.

担子菌门 Basidiomycota、蘑菇纲 Agaricomycetes、红菇目 Russulales、红菇科 Russulaceae、红菇属 *Russula*

形态特征：子实体中等大。菌盖初期近圆形，后扁半球形，最后平展，中部下凹，颜色变化多，酒褐色、浅红褐色、浅褐色或菱色等，边缘老时具短条纹，菌盖表皮有微皱或平滑。菌肉白色，趋于变污淡黄色。菌褶白色，或稍带乳黄色，密，直生，基部常分叉，褶间具横脉，褶缘常有锈褐色斑点。菌柄圆柱形或基部略细，中实后松软，白色，基部常略变黄色或变褐色。

289. 正红菇 *Russula vinosa* Lindblad

担子菌门 Basidiomycota、蘑菇纲 Agaricomycetes、红菇目 Russulales、红菇科 Russulaceae、红菇属 *Russula*

形态特征：菌盖初扁半球形，后平展，中部下凹，不黏，大红带紫，中部暗紫黑色，边缘平滑。菌肉白色，近表皮处淡红色，或浅紫红色。菌褶白色至乳黄色，干后变灰色，褶之前缘浅紫红色，不等长，具横脉，直生。菌柄白色或杂有红色斑或全部为淡粉红色至粉红色，内部松软。

290. 绿菇 *Russula virescence* (Schaeff.) Fr.

担子菌门 Basidiomycota、蘑菇纲 Agaricomycetes、红菇目 Russulales、红菇科 Russulaceae、红菇属 *Russula*

形态特征：子实体中等至稍大。菌盖初球形，很快变扁半球形并渐伸展，中部常稍下凹，不黏，浅绿色至灰绿色，表皮往往斑状龟裂，老时边缘有条纹。菌肉白色。菌褶白色，较密，等长，近直生或离生，具横脉。菌柄长，中实或内部松软。

291. 变绿红菇 *Russula virescens* (Schaeff. ex Zanted.) Fr.

担子菌门 Basidiomycota、蘑菇纲 Agaricomycetes、红菇目 Russulales、红菇科 Russulaceae、红菇属 *Russula*

形态特征:担子果单生至群生,中等大小。菌盖灰绿色至绿色,表面常开裂成小块,湿时黏,中央稍凹陷。菌褶直生,白色,稍密,不分叉。菌柄近等粗,向下稍变细,白色。

292. 粗毛韧革菌 *Stereum hirsutum* (Willd.) Pers.

担子菌门 Basidiomycota、蘑菇纲 Agaricomycetes、红菇目 Russulales、韧革菌科 Stereaceae、韧革菌属 *Stereum*

形态特征:子实体小至中等大,无柄,半圆形、贝壳形或扇形,菌盖表面浅黄色至淡褐色,有粗毛或绒毛,具同心环棱,边缘薄而锐,完整或波浪状。菌肉白色至淡黄色。管孔面白色、浅黄色、灰白色,有时变暗灰色,孔口圆形至多角形。

293. 血痕韧革菌 *Stereum sanguinolentum* (Alb. & Schwein.) Fr.

担子菌门 Basidiomycota、蘑菇纲 Agaricomycetes、红菇目 Russulales、韧革菌科 Stereaceae、韧革菌属 *Stereum*

形态特征: 子实体革质,薄片状,平伏而反卷,其反卷部分为半圆形的菌盖,常呈覆瓦状叠生或群生。边缘全缘或波状,薄而锐。表面有平贴的细毛或绒毛,淡青灰色至淡褐色,有光滑而血红色和褐色相间的环带,干后变橙黄色至黄褐色,边缘内卷。子实层浅肉色至淡粉灰色,伤处变污红色至灰褐色,在平伏部分往往出现龟裂。

294. 绒毛韧革菌 *Stereum subtomentosum* Pouzar

担子菌门 Basidiomycota、蘑菇纲 Agaricomycetes、红菇目 Russulales、韧革菌科 Stereaceae、韧革菌属 *Stereum*

形态特征: 子实体一年生,覆瓦状叠生,革质。菌盖匙形、扇形、半圆形或近圆形,表面基部灰色至黑褐色,被黄褐色绒毛,具明显的同心环带,边缘锐,颜色稍浅,波状,干后内卷。

295. 金丝趋木革菌 *Xylobolus spectabilis* (Klotzsch) Boidin

担子菌门 Basidiomycota、蘑菇纲 Agaricomycetes、红菇目 Russulales、韧革菌科 Stereaceae、趋木革菌属 *Xylobolus*

形态特征：子实体一年生，覆瓦状叠生，革质。菌盖扇形，从基部向边缘渐薄，表面浅黄色、黄褐色至褐色，从基部向边缘逐渐变浅，被灰白色细密绒毛，具同心环带，边缘锐波状，黄褐色，干后内卷。

296. 干巴革菌 *Thelephora ganbajun* M. Zang

担子菌门 Basidiomycota、蘑菇纲 Agaricomycetes、革菌目 Thelephorales、革菌科 Thelephoraceae、革菌属 *Thelephora*

形态特征：子实体丛生，珊瑚状，分枝叶片扇形，全菌干燥，革质，从基部分出扇状或莲座状瓣片，子实层既不呈孔状，也不呈褶片状，而是表面光滑或具疣状突起。

297. 毛嘴地星 *Geastrum fimbriatum* Fr.

担子菌门 Basidiomycota、鬼笔纲 Phallomycetes、地星目 Geastrales、地星科 Geastraceae、地星属 *Geastrum*

形态特征：成熟子实体小裂至中型，外包被多为囊状（浅囊状或深囊状），少数拱形，菌丝体层明显具植物残体壳，但壳易连同菌丝体层一起脱落，内包被体不具柄，仅个别具短柄，子实口缘纤毛状，无口缘环。

298. 棒瑚菌 *Clavariadelphus pistillaris* (L.) Donk

担子菌门 Basidiomycota、鬼笔纲 Phallomycetes、钉菇目 Gomphales、棒瑚菌科 Clavariadelphaceae、棒瑚菌属 *Clavariadelphus*

形态特征：子实体中等大，棒状，不分枝，顶部钝圆，幼时光滑，后渐有纵条纹或纵皱纹，向基部渐渐变细，直或变曲，土黄色，后期赭色或带红褐色，向下色渐变浅。菌肉白色，松软，有苦味。子实层生棒的上部周围。柄部细，污白色。

299. 云南棒瑚菌 *Clavariadelphus yunnanensis* Methven

担子菌门 Basidiomycota、鬼笔纲 Phallomycetes、钉菇目 Gomphales、棒瑚菌科 Clavariadelphaceae、棒瑚菌属 *Clavariadelphus*

形态特征: 子实体棒形，向下渐细成菌柄，不分枝，顶部圆钝，土黄色、黄褐色至红褐色。菌柄颜色稍淡，与可育部分分界不明显，基部有白色菌丝体。菌肉白色至污白色，伤不变色。

300. 细顶枝瑚菌 *Ramaria gracilis* (Pers.) Quél.

担子菌门 Basidiomycota、鬼笔纲 Phallomycetes、钉菇目 Gomphales、钉菇科 Gomphaceae、枝瑚菌属 *Ramaria*

形态特征: 子实体小至中等，多次分枝而密。上部分枝较短，白黄色，顶端小，呈齿状，2～3个一起似鸡冠状，下部赭黄色、黄褐色。基部色浅污白，被细绒毛。菌肉白色，质脆。

301. 白枝瑚菌 *Ramaria suecica* (Fr.) Donk

担子菌门 Basidiomycota、鬼笔纲 Phallomycetes、钉菇目 Gomphales、钉菇科 Gomphaceae、枝瑚菌属 *Ramaria*

形态特征:子实体一般中等大，近白色至浅肉色，主枝直立，2～4次分枝，顶尖长而细且色相同。菌柄基部有明显的白色细绒毛。菌肉近白色，软而韧，干后质脆。

302. 长裙竹荪 *Dictyophora indusiata* (Vent.) Desv.

担子菌门 Basidiomycota、鬼笔纲 Phallomycetes、鬼笔目 Phallales、鬼笔科 Phallaceae、竹荪属 *Dictyophora*

形态特征:担子果单生或群生，中等。菌蕾球形至倒卵形，表面污白色至淡污粉色，基部有分枝或不分枝的根状菌索。菌盖钟形，表面网格状。产孢组织着生于菌盖表面，暗绿褐色至橄榄褐色，恶臭。菌裙网状，白色，下垂至菌柄基部。菌柄圆柱形，白色，海绵质，中空。菌托内有白色的胶质。

303. 掌状花耳 *Dacrymyces chrysospermus* Berk. & M. A. Curtis

担子菌门 Basidiomycota、花耳纲 Dacrymycetes、花耳目 Dacrymycetales、花耳科 Dacrymycetaceae、花耳属 *Dacrymyces*

形态特征：担子果群生至丛生，小型，胶质。子实体初生时纽扣状，后为脑瓣状，橙黄色至橙红色，光滑，无柄。子实层周生于子实体的下侧。

304. 桂花耳 *Dacryopinax spathularia* (Shcwein.) G. W. Martin

担子菌门 Basidiomycota、花耳纲 Dacrymycetes、花耳目 Dacrymycetales、花耳科 Dacrymycetaceae、桂花耳属 *Dacryopinax*

形态特征：子实体微小，匙形或鹿角形，上部常不规则裂成叉状，橙黄色，干后橙红色，不孕部分色浅，光滑。菌柄下部有细绒毛，基部栗褐色至黑褐色，延伸入腐木裂缝中。

305. 银耳 *Tremella fuciformis* Berk.

担子菌门 Basidiomycota、银耳纲 Tremellomycetes、银耳目 Tremellales、银耳科 Tremellaceae、银耳属 *Tremella*

形态特征：担子果中等至较大，叶状至花瓣状，由多枚瓣片组成。新鲜时胶质柔软，富有弹性，半透明。干后角质，硬而脆，白色至米黄色。子实层生于瓣片表面。

306. 橙黄银耳 *Tremella mesenterica* Retz.

担子菌门 Basidiomycota、银耳纲 Tremellomycetes、银耳目 Tremellales、银耳科 Tremellaceae、银耳属 *Tremella*

形态特征：子实体一般较小，鲜时橘黄色、橙黄色，干时带橙红色，由许多厚而脑状或曲折的瓣片组成，有的呈条状生长。

主要参考文献

戴玉成 . 2010. 海南大型木生真菌的多样性 [M]. 北京 : 科学出版社 .

戴玉成 , 杨祝良 . 2008. 中国药用真菌名录及部分名称的修订 [J]. 菌物学报 , 27(6): 801-824.

戴玉成 , 周丽伟 , Kari Steffen. 2011. 东喜马拉雅山地区木材腐朽菌研究 1. 云南紫溪山自然保护区的多孔菌 [J]. 菌物学报 , 30(5): 674-679.

戴玉成 , 周丽伟 , 杨祝良 , 等 . 2010. 中国食用菌名录 [J]. 菌物学报 , 29(1): 1-21.

邓叔群 . 1963. 中国的真菌 [M]. 北京 : 科学出版社 .

邓旺秋 , 李泰辉 , 宋宗平 , 等 . 2020. 罗霄山脉大型真菌区系分析与资源评价 [J]. 生物多样性 , 28(7): 896-904.

丁文荣 . 2016. 滇东南喀斯特地区植被覆盖变化及其影响因素 [J]. 水土保持研究 , 23(6): 227-231, 237, 381.

贺新生 . 2011. 四川盆地蕈菌图志 [M]. 北京 : 科学出版社 .

黄年来 . 1998. 中国大型真菌原色图鉴 [M]. 北京 : 中国农业出版社 .

贾身茂 , 袁瑞奇 , 孔维丽 , 等 . 2015. 药用真菌之概念 [J]. 中国食用菌 , 34(1): 82-88.

江润祥 , 关培生 , 曹继业 . 2010. 蕈史 : 大型真菌文化史 [M]. 香港 : 汇智出版有限公司 .

李桐森 , 谢超 , 张富建 . 2002. 大围山自然保护区建设与管理总体设计 [J]. 云南大学学报 (自然科学版), 24(4): 316-320.

李玉 . 2013. 菌物资源学 [M]. 北京 : 中国农业出版社 .

李玉 , 李泰辉 , 杨祝良 , 等 . 2015. 中国大型菌物资源图鉴 [M]. 郑州 : 中原农民出版社 .

李玉 , 刘淑艳 . 2015. 菌物学 [M]. 北京 : 科学出版社 .

刘波 . 1974. 中国药用真菌 [M]. 太原 : 山西人民出版社 .

吕杰 . 2014. 滇东南岩溶山区水土资源利用与生态环境耦合协调模拟研究 [D]. 昆明理工大学博士学位论文 .

卯晓岚 . 2000. 中国大型真菌 [M]. 郑州 : 河南科学技术出版社 .

卯晓岚 . 2006. 中国毒菌物种多样性及其毒素 [J]. 菌物学报 , 25(3): 345-363.

卯晓岚 , 蒋长坪 , 欧珠次旺 . 1993. 西藏大型经济真菌 [M]. 北京 : 北京科学技术出版社 .

卯晓岚 , 庄剑云 . 1997. 秦岭真菌 [M]. 北京 : 中国农业科学技术出版社 .

宋刚 , 孙丽华 , 王黎元 . 2011. 贺兰山大型真菌图鉴 [M]. 宁夏 : 阳光出版社 .

唐丽萍 . 2015. 澜沧江流域高等真菌彩色图鉴 [M]. 昆明 : 云南科技出版社 .

图力古尔 , 包海鹰 , 李玉 . 2014. 中国毒蘑菇名录 [J]. 菌物学报 , 33(3): 517-548.

图力古尔 , 李玉 . 2000. 大青沟自然保护区大型真菌区系多样性的研究 [J]. 生物多样性 , 8(1): 73-80.

王娟 , 马钦彦 , 杜凡 . 2006. 云南大围山国家级自然保护区种子植物区系多样性特征 [J]. 林业科学 , 42(1): 7-15.

王岚 , 杨祝良 . 2003. 中国西南的蜜环菌属真菌 [J]. 中国食用菌 , 22(5): 4-6.

王向华 , 刘培贵 . 2002. 云南野生贸易真菌资源调查及研究 [J]. 生物多样性 , 10(3): 318-325.

王向华 , 刘培贵 , 于富强 . 2004. 云南野生商品蘑菇图鉴 [M]. 昆明 : 云南科技出版社 .

魏景超 . 1979. 真菌鉴定手册 [M]. 上海 : 上海科学技术出版社 .

魏玉莲 , 戴玉成 . 2004. 木材腐朽菌在森林生态系统中的功能 [J]. 应用生态学报 , 15(10): 1935-1938.

吴光亮 . 1989. 贵州大型真菌 [M]. 贵州 : 贵州人民出版社 .

吴兴亮 , 戴玉成 . 2005. 中国灵芝图鉴 [M]. 北京 : 科学出版社 .

吴兴亮 , 戴玉成 , 李泰辉 , 等 . 2011. 中国热带真菌 [M]. 北京 : 科学出版社 .

吴兴亮 , 邓春英 , 张维勇 , 等 . 2015. 中国梵净山大型真菌 [M]. 北京 : 科学出版社 .

吴兴亮 , 卯晓岚 , 图力古尔 , 等 . 2013. 中国药用真菌 [M]. 北京 : 科学出版社 .

徐锦堂 . 1997. 中国药用真菌学 [M]. 北京 : 北京医科大学、中国协和医科大联合出版社 .

应建浙 . 1982. 食用蘑菇 [M]. 北京 : 科学出版社 .

应建浙 . 1987. 中国药用真菌图鉴 [M]. 北京 : 科学出版社 .

应建浙 , 马启明 . 1985. 中国松塔牛肝菌属新种和新记录种 [J]. 真菌学报 , 4(2): 95-102.

杨祝良 . 2000. 中国鹅膏菌属 (担子菌) 的物种多样性 [J]. 云南植物研究 , 22(2): 135-142.

杨祝良 . 2005. 中国真菌志·第二十七卷·鹅膏科 [M]. 北京 : 科学出版社 .

滇东南
大型真菌彩色图鉴

杨祝良 . 2015. 中国鹅膏科真菌图志 [M]. 北京 : 科学出版社 .

杨祝良 , 臧穆 .1993. 我国西南小奥德蘑属的分类 [J]. 真菌学报 , 12(1): 16-27.

杨祝良 , 减穆 . 2003. 中国南部高等真菌的热带亲缘 [J]. 云南植物研究 , 25(2): 129-144.

袁明生 , 孙佩琼 . 2013. 中国大型真菌彩色图谱 [M]. 成都 : 四川科学技术出版社 .

中华人民共和国生态环境部 . 中国科学院发布关于《中国生物多样性红色名录—大型真菌卷》的公告 [EB]. http://www.mee.gov.cn/xxgk2018/xxgk/xxgk01/201805/t20180524_629586.html.

Ashton H. 2009. Ainsworth and Bisby's Dictionary of the Fungi (10th ed.) [J]. Reference Reviews, 23 (5): 42.

中文名索引

滇东南
大型真菌彩色图鉴

拉丁名索引

滇东南
大型真菌彩色图鉴